森林报

Sen Lin Bao Qiu

（苏）维·比安基／著　　张永梅／编

应急管理出版社
·北京·

图书在版编目（CIP）数据

森林报．秋／（苏）维·比安基著；张永梅编．－－
北京：应急管理出版社，2020
ISBN 978－7－5020－8016－7

Ⅰ.①森… Ⅱ.①维… ②张… Ⅲ.①森林动物—儿
童读物 Ⅳ.①Q95－49

中国版本图书馆 CIP 数据核字（2020）第 027357 号

森林报 秋

著　　者　（苏）维·比安基
编　　者　张永梅
责任编辑　孙　婷
封面设计　宋双成

出版发行　应急管理出版社（北京市朝阳区芍药居 35 号　100029）
电　　话　010－84657898（总编室）　010－84657880（读者服务部）
网　　址　www.cciph.com.cn
印　　刷　清苑县永泰印刷有限公司
经　　销　全国新华书店

开　　本　710mm×1000mm$^1/_{16}$　印张　12　字数　230 千字
版　　次　2020 年 11 月第 1 版　2020 年 11 月第 1 次印刷
社内编号　20192330　　　　　　定价　29.80 元

现代孩子们一直居住在繁华喧嚣的城市，高楼大厦环绕其间，生活极其方便，但也很少有机会走近原野、森林，感受大自然的美好。亲进大自然，看四季变化、草木兴衰，了解各种飞禽走兽，除了能增长孩子们的知识，扩大他们的视野之外，更重要的是能激发他们的好奇心和探索精神。

帮助孩子们感受自然，最简便、直接的方法莫过于为他们选择一本优秀的自然读物。苏联著名儿童文学家维•比安基的代表作《森林报》，就是为孩子们量身打造的精美礼物。

虽说《森林报》的名字带了一个"报"字，却不是传统意义上的报纸，因为它报道的是森林里关于飞禽走兽、昆虫和花草树木的故事。不要以为只有人类有很多新闻，其实热闹的大森林里，每天都会发生不同的故事。动物和植物也有喜怒哀乐，也有自己的亲人、朋友和敌人……

比安基采用报纸的形式，以春、夏、秋、冬为顺序，每个月份都有与

这个季节相适应的名称，如"候鸟返乡月""安家筑巢月"等。作者以自己居住的列宁格勒为主要报道地，内容涉及与大自然有关的各种题材，包括社论、通讯、新闻、故事、电报等，分层次、分类别地向孩子们介绍了很多陌生又有趣的动植物，如善斗的麋鹿、笨拙的琴鸡、残暴的猞猁、照顾弟弟妹妹洗澡的小熊，各种各样的蘑菇……

通过本书你会发现所有的动植物都是有感情的，它们共同生活在一起，但是静谧中蕴含杀机，追逐中包含温情。每一只动植物都是食物链中的一环，它们无时无刻不在为生存做斗争。

作者在孩子们面前展现了充满神奇色彩的、洋溢着诗情画意的广阔天地，并巧妙地借用飞禽走兽的故事培养孩子做人的重要品格：勇敢、坚毅、乐于助人。

相信本套丛书一定会成为孩子的良师益友，带着他们体验春的生机勃勃、夏的精彩纷呈、秋的多姿多彩、冬的悲凉哀伤。

目录
CONTENTS

目录
CONTENTS

C O N T E N T S

森林报·秋

目录
CONTENTS

森林报

NO.7
候鸟离乡月
（秋季第一月）

9月21日到10月20日　　　　　太阳进入天秤宫

一年——分为十二个章节
的太阳礼赞

九月，成天"愁眉不展"。天空变得阴沉，鸟兽哀鸣，秋风萧瑟。秋季的第一个月开始了。

和春天一样，秋天也有自己的工作日程表，不过和春天不同的是，秋天的工作是从上往下进行的。它先让人们头顶上的树叶开始慢慢变换色彩——变黄，然后变红，最后变成褐色。它慢慢减少了阳光对大地的照射，使那些原本绿油油的树叶开始迅速枯萎。叶柄和树枝接合的地方，已出现了衰老的迹象，即使是在没有一丝微风的天气里，有些树叶也会自行掉落。所以，我们到处都能看见黄色的桦树叶、火红的白杨树叶，陆陆续续地飘落，悄无声息地滑过地面。

清晨，当你从睡梦中醒来的时候会发现：今年的第一场白霜已然落到了青草上，于是你在日记里写下这样一句话："秋天降临了！"从这一天开始，更准确些说，是从前一夜开始，秋天正向我们慢慢走来。第一次霜降总是在天亮之前，越来越多的枯叶将告别大树母亲飞舞而去，到了后来，西风吹响了横扫秋叶的战斗号角，想把森林整套的华丽盛装吹个一干二净。

雨燕已经离开了，家燕以及其他一些在我们这里过夏的候鸟，也都已经聚集在一起，要趁着漆黑的夜色，静悄悄地陆续起航了，去踏上漫长的旅途。一时间，天空显得那么的寂寞，河水也变得越来越冰凉，它不再是人们游泳、玩水的好去处了。

热情如火的夏天好像不舍得离开我们，一连几天，天气会变得非常温暖。一根根细长的蛛丝在半空中轻飘飘地晃悠着，反射出银色的亮光……田野里又恢复了一片生机盎然的绿色景象！

"夏婆婆又回来了！"村里的人们开心地相互转告着，兴高采烈地望着秋播农作物抽出的片片绿叶。

居住在森林里

的小动物们也在做着熬过漫漫冬季的准备工作。仍在孕育之中的小生命们躲藏在了安全的地方，把自己包裹得厚厚实实、热热乎乎——大自然对这些小生命的所有照顾和关爱，都要暂时告一段落，直到来年春天。

只有兔妈妈们还在继续忙活着，它们总是不愿相信夏天已经真的离去，所以又急匆匆地产下一窝兔宝宝！这就是被我们称为"落叶兔"的一窝。这时，几柄食用蕈抓住这最后的时机又露出了脑袋。夏天真的在向我们道别了。

已经到了候鸟踏上行程的时候了。

和往常一样，一到换季的时节，森林通讯员们又给我们编辑部发来一封封电报，随时报道这些日子发生的奇闻趣事。在候鸟离乡月，鸟儿们又一次开始了大迁徙，只不过这次是要从北方迁往南方。

秋天就此唱响了自己的序曲！

知识延伸

秋风瑟瑟，枯叶飘落，秋天就这样悄然而至！森林里的居民在为度过漫漫冬季做准备。作者通过敏锐的观察力，运用对比的修辞手法，表现出夏秋两季换季时，森林中景色的变化，流露出对大自然的喜爱之情。

从森林发来的电报(一)

不知不觉间，那些身着缤纷彩服的鸣禽都看不见了。我们没有看见它们出发的情景，因为它们多半是在深夜飞走的。

许多禽鸟出发的时间都在夜深时分，这样虽然辛苦些，却也安全些。要知道，隼啊，鹰啊，以及其他许许多多猛禽，都是在白天在半路上拦截候鸟的！而黑夜里，这些猛禽是不会去袭击它们的。因为在猛禽看不见东西的夜里，候鸟们却能清晰地辨别航线。

在飞越大海的路途中，一群群水鸟出现了，有野鸭、潜鸭、雁、鹬鸟等等。这些羽翼旅行家在春天歇过脚的地方停下来休息。

森林里的树叶在一天天变黄。兔妈妈又生了6只小兔崽。这是今年最后一窝小兔子了，我们称它们为"落叶兔"。

在海湾内的淤泥岸堤上，不知是谁每天夜里都去印上一串小竹叶和小圆点。这些小竹叶和小圆点布满了淤泥表层。我们在这小海湾的岸上搭了一个小棚子，想暗中观察到底是谁在那儿撒欢。

知识延伸

作者用生动流畅的语言，描写了动物们在秋季的活动：候鸟已在深夜时分出发，兔妈妈生下今年最后一窝"落叶兔"。同时在文章最后留下悬念：谁在淤泥岸堤上撒欢呢？

森林大事

离别之歌

白桦树上留下的叶子，数量已非常有限。慢慢变得光秃秃的枝干上，被空置许久的小窝——椋鸟巢，孤零零地随风荡来荡去。

不知什么原因，两只椋鸟意外来此造访。雌椋鸟一来就进到巢里认真地忙活起家务来，雄椋鸟则站在枝头，稍事休息，环顾四周后哼起小曲儿来。不过音量不大，似乎仅仅是在自娱自乐呢。

雄椋鸟的演唱结束时，雌椋鸟也从巢里出来了，它迅

速地向大部队飞了过去，雄椋鸟在它屁股后面紧紧相随。时间到了，时间到了——要么今天，要么明天，它们就要踏上远行的征程了。

今年夏天，它们就是在这个温暖的小窝里养育宝宝的，现在它们是来与小窝做最后道别的。

它们会想念这个温暖、舒适的安乐窝，明年春天依旧会搬回这里居住的。

清新透亮的黎明

9月15日，天气依旧非常炎热。我如往常一样，一大早就来到花园里。

我走到屋外，抬头向上望去，碧蓝的天空万里无云。空气中带着一丝凉意，在乔木、灌木和青草的间隙中，缀满了银色的、纤细的蛛网，每张网上都爬着一只小巧可爱的蜘蛛。

在两棵小云杉树的枝杈间，一只小蜘蛛刚刚织好了一张银色的网。在秋露的映衬下，这网似乎是用玻璃做成的，好像一碰就要叮叮当当地碎掉。蜘蛛团成一个小巧的圆球伏在网上，一动不动。苍蝇还没出来呢，所以蜘蛛正好打个盹。也不知它是被冻僵了，还是冻死了？于是我用小手指头轻轻地碰了一下小蜘蛛。

小蜘蛛没有任何反应，像一颗没有生命的小石子儿一样落到了地上。可是它刚一掉在地上的草丛里，就飞快地伸展腿脚，然后飞奔而去，逃得无影无踪。

这个小家伙，不愧是一个伪装高手啊！

让我念念不忘的是，不知道它是否还会重返故里，它还能找得到这个家吗？还是干脆再织造一个新家呢？再造一个新家的话，需要付出多少艰辛的劳作啊——跑前跑后，来来回回多少趟，还要打结子、绕圈、结网，这样高难度的技术活，不知要付出多少汗水呀！

小露珠在纤细的小草上滚动，好似泪珠挂在细长的睫毛上。它们闪闪发光，恰如星星闪烁的光辉，肯定是在表达它们的喜悦之情吧！

最后幸存的几朵小野菊花可怜巴巴地站在路旁,舒展开它们的花瓣舞裙,期待着阳光阿姨把它们熨烫平整。

空气凉丝丝的,仿佛是一面透明而易碎的玻璃,那五彩斑斓的树叶,那在露水和蛛网的掩映下呈现出银白色的青草,还有那比夏天时显得更蓝莹莹的小溪,一切都如此的可爱、漂亮,让人心情愉悦。我所发现的最丑陋的东西,是一棵头顶很秃的蒲公英和一只光秃秃的灰蛾。蒲公英头上仅有的毛粘在一起,被露水打得湿漉漉的,蒲公英的身子也是残缺的。灰蛾的脑袋上伤痕累累,它大概被小鸟袭击过吧。想当初,在夏天的时候,它们是那么神气,蒲公英的头上曾聚集了数不清的小降落伞,灰蛾的茸毛蓬松、柔软,脑袋也是既细滑又干净!

我忍不住怜惜地把灰蛾轻轻放在蒲公英上,在手中暖了它们许久,让逐渐升高的太阳的光能够照射到它们身上。灰蛾和蒲公英浑身都是又湿又冷,只残存了最后一点生气。接着,在阳光的抚摸下,它们慢慢地恢复了活力。蒲公英身上那些潮湿粘滞的小茸毛渐渐干燥,变成了白色,最终轻盈地飞了起来。灰蛾的翅膀也重新充满了生机,蓬松出青烟色的茸毛。看,两个原本可怜的、残缺不全的丑家伙又恢复了往日靓丽的容颜。

森林附近,

一只黑琴鸡不知在叽里咕噜地说着什么。我向灌木丛轻轻走去，想从那里偷偷走到它身旁，细细欣赏一下它在春天才玩的跳舞游戏，看看它是如何自说自语、絮絮叨叨的。

就在我刚走到灌木丛旁时，那鸟儿"扑噜噜"一下，从我脚边飞走了，我被它发出的巨大响声吓了一跳。原来，它就躲在我身边，我却傻乎乎地以为还远着呢！

这时，远方又传来一阵阵悠扬的鹤鸣声，像吹奏喇叭似的，原来是一群飞鹤刚刚途经森林上空。它们离开我们了……

《森林报》通讯员　维利卡

最后的浆果

沼泽地里的蔓越橘已经熟透了。这种植物生长在泥炭上的草墩里，浆果大大咧咧地躺在青苔上，隔得很远就能看见，但却看不清楚它们的茎。走进一瞧，才能发现垫子似的青苔上长着一些和丝线一样细的细茎，茎干两旁伸展出一些硬硬的叶片。它们共同组成了一整棵浆果小灌木。

尼娜·巴甫洛娃

水中之旅

小草们失去了往日的活力，一个个都颓丧地耷拉着小脑袋。著名的行走高手——秧鸡，已经开始了漫长的旅行。

潜鸭们的身影出现在了海上长途飞行线上。它们几乎都是在水里游，饿的时候钻到水中捕鱼，很少在天上飞行。它们快乐地游啊，游啊，游过了水湾和湖泊。潜鸭不像野鸭那般笨拙，还需要先在水面上微微挺起胸膛，然后再使劲儿钻到水里，潜鸭们的身体灵巧极了，仅仅需要把脑袋一低，再用船桨一般大的脚丫用力一划，就瞬间扎到深水中去了。它们在水底就像在家里一样自在灵活，没有哪一种猛禽有本事到水下袭击它们。它们可真是游泳健将，甚至比鱼儿游得还快呢！

但它们的飞行，比起那些快如闪电的猛禽可就逊色多了。所以它们犯不着冒险去天空飞行，只要是有水的地方，它们就能扬长避短游水前行。

森林勇士之战

傍晚时分，森林里传出阵阵低沉的吼叫声。"林中壮汉"们——长有犄角的高大麋鹿，从密林的深处缓缓走来。它们用仿佛从腹腔深处发出的嘶吼声向对手挑战示威。

勇士们在林中空地上相遇了。它们扬起坚硬的蹄子刨地，示威般地摇晃着那笨重的犄角，血丝布满了它们的眼睛。它们放低头上的那对大犄角，红着眼厮杀着，犄角碰撞缠在一起，发出巨大的"嘎嘎"声。它们用尽全身的力量，猛烈地冲撞对手，企图扭断对手的脖子。

它们厮杀在一起，时而分开，时而又激烈交战。麋鹿们前身匍匐着地，用后腿站立，以便使犄角具有更大的冲击力。

巨大的犄角撞在一起，响亮的"咚咚"声轰鸣着，向森林的四面八方传去。怪不得有人称呼公麋鹿为"犁角兽"，这可是有根据的，因为它们的犄角巨大而又宽阔，就像铁爬犁一样。

被打败的公麋鹿，有的慌不择路地逃离了战场；有的则惨遭凶猛的大犄角的致命冲撞，带着扭断的脖子扑倒在地上；而那打了胜仗的公麋鹿，会扬起锋利的蹄子把它置于死地。

接着，震撼人心的吼叫再次响彻森林，是战胜的"犁角兽"在吹奏得意的"号角"。

远处的森林里，一只没有犄角的母麋鹿在静候它的凯旋，胜利的公麋鹿已然成为这一方的霸主。它不允许任何一只公麋鹿侵犯它的疆土，即使是年轻的小麋鹿也不例外，所有的公麋鹿都被它赶出了领地。

它那低沉、雄浑的吼声又一次响起，如雷鸣般震荡在森林深处。

各自启程

每天夜里，都有一批长翅膀的旅客踏上征程。但是和春天急匆匆地往回赶路的情况不同，它们现在是不紧不慢、悠哉游哉地飞着，每次停歇的时间都比较长，它们似乎是对家乡恋恋不舍呢！离开的次序和回归的次序正好相反：那些羽毛花花绿绿、色彩艳丽的候鸟最先出发，而春天最早回来的燕雀、百灵、鸥鸟等却离开得最晚。有不少鸟儿是年轻的最先出发，燕雀是雌性比雄性更早出发，而那些身强力壮、耐苦耐劳的鸟儿，留在家乡的时间更长久一些。

大部分鸟儿径直飞向南方——飞去法国、意大利、西班牙，飞往地中海、非洲。也有部分鸟儿向东飞行：途经乌拉尔和西伯利亚，再飞往印度去；有的甚至飞往美国。几千公里的漫漫行程，都在它们的脚下一一掠过。

万事俱备，只欠东风

乔木、灌木和青草，都在忙着妥善安排宝宝们未来的生活。

翅果双双对对地倒挂在槭树枝上，它们已经迫不及待地从壳里露出小脑袋，等待着风婆婆带它们开始一段飞翔的旅程。小草们也在静候风婆婆：细长的茎干密密地挨着，好似飘飘欲飞的布帘，一串串蚕丝一样亮丽的茸毛从长在顶端的干燥的花里探出了笑脸；香蒲的茎，个子都超过了沼泽地带的草，上身裹了一圈褐色的小"皮袄"；山柳菊的球状小宝宝们毛茸茸的，在这晴朗的日子里，时刻准备着跟随风儿四海为家。

还有不少其他种类的小草，它们可爱的小果子上布满茸毛——有长有短，有的长相一般，有的好似羽毛。

长在已收完庄稼的田地里以及路边、沟边的那些植物，等候的已不再是风婆婆，而是途经身边的小动物和人类。这个家族里有牛蒡，它干燥的花盘里长着小刺，装满长着棱角的小果实；有金盏花，它三角形的种子最爱钩住行人的袜子；有长着钩刺的猪秧秧，它圆乎乎的种子钩住人的衣衫就不放手，只有拿毛绒布轻轻擦拭衣衫，才能请它们下来。

尼娜·巴甫洛娃

秋天采蘑菇

现在的森林里一片荒凉，空荡荡、湿乎乎的，飘着一股树叶腐烂的气味。唯一让人感觉欣慰的是一种洋口蘑，人们一看见它心里就暖乎乎的。它们有的一群群聚集在树墩上；有的蔓延到树干上；有的零零散散分布在地上，好像独自一人在散步。

看着让人欣喜，采摘起来更让人心情舒畅。就算只拣最好的采，而且只摘下其中的蕈帽，不一会儿也能摘到一小篮。

小洋口蘑长得真是漂亮：刚开始时，它们的帽子戴着还紧绷绷的，就像小孩头上戴的无边小帽，脖子上围着一条白色的小围巾；接下来几天，帽子边就慢慢地翘起来，更像一顶真正的帽子了，围巾也随之变成了一条领子。

细丝般的小鳞片布满了整个帽子，人们很难准确判定它是什么颜色，总之是一种叫人看上去就心情舒缓、平静的浅褐色。蕈帽下蕈褶的颜色也各有不同，小洋口蘑的是白色的，老洋口蘑的是浅黄色的。

不知你是否留意过：老蕈帽把小蕈帽抱住的时候，小蕈帽上铺满了粉状物，你会忍不住胡乱猜测：难道它们已经发霉了？但不久你就会恍然大悟：这原来是孢子啊！对，这正是老蕈帽洒下的孢子粉。

要想品尝到正宗的洋口蘑，就必须熟悉它们所有的特点。在市场里，经常会有人把毒蕈错认作洋口蘑。因为有些毒蕈简直可以以假乱真，同样是生长在树墩上。只不过这些毒蕈的蕈帽下没有领子，蕈帽上没有鳞片，但蕈帽的颜色却很亮丽，有黄色的，有粉红色的，帽褶有的是黄色的，有的是淡绿色的，但是孢子却是乌黑色的。

尼娜·巴甫洛娃

知识延伸

秋季来临，作者在森林里发现了许多有趣的现象：候鸟踏上征程，森林勇士们在激烈地决斗，最后一批浆果已经成熟，小草在忙着传播种子，各种各样的蘑菇露出了小脑袋……作者用细腻的笔触，将森林中的事物描写得生动形象，激发了读者的阅读兴趣。

从森林发来的电报(二)

我们想通过暗访弄明白，究竟是什么动物，在海湾沿岸的泥地上踏出了一串串竹叶形的脚印和一个个的小圆点。

最后发现原来竟是鹬鸟。

满是淤泥的小海湾，是鹬鸟的一个好餐馆。它们落脚在这里，既可以休闲，又可以找食物充饥。在这柔软的淤泥地上，它们大踏步地走着，来来去去，自由自在，于是就留下了一长串的竹叶形趾痕。鹬鸟将嘴巴插进淤泥，从淤泥下面拽出小虫子

来当早点。只要是长嘴插过的地方，都留下了一个小圆点。我们捉到一只鹬，它在我们家屋顶上住了整整一个夏天。我们在它的脚上套了一个很轻的铝制金属环，环上刻着一行字：莫斯科，鸟类学研究委员会，A组第195号。随后，我们把这只鹬放生，让它带着脚环飞走。如果有人在它过冬的地方捉住它，我们就可以从报上知道：我们所在的整个地区的鹬，都到什么地方越冬去了。

森林里的树叶已经全部变了颜色，开始脱落。

知识延伸

本节内容对前面的设置的问题作出回答，与前面的伏笔遥相呼应，激发读者探索大自然的积极性。

都市趣闻

残忍的偷袭

在列宁格勒的伊萨基耶甫斯基广场上，众目睽睽之下，上演了一场残忍的偷袭悲剧。

鸽子从广场上飞起来时，从伊萨基耶夫斯基大教堂的圆屋顶上，突然飞下来一只大隼，正向最边上的那只鸽子猛扑过去。人

们只见一大片绒毛散乱地飞舞。

行人们看见，那群鸽子在受到惊吓之后，都慌乱地躲到一栋大房子的屋顶下去了；大隼用爪子紧紧抓住那只被啄死的鸽子，吃力地返回大教堂的圆屋顶上去。

我们的城市上空，经常有大隼出没。这些羽翅强盗，喜欢在教堂的圆顶和钟楼上，居高临下地建设它们的强盗窝——从这里俯瞰，视野开阔，侦察猎物也比较方便。

午夜的惊扰

在郊区，几乎每到深夜都会响起骚扰声。

人们一听见院子里响起乱哄哄的叫嚷声，就立刻爬起来，打开窗户向外察看到底发生了什么事啊。

在外面的院子里，家禽们扑打着翅膀，发出很大的响声，鹅和鸭子此起彼伏地叫喊着。是黄鼠狼来偷袭它们了吗？还是一只狐狸钻进来了？

可是，石头围墙和房子的铁门附近，都没发现狐狸和黄鼠狼的踪迹。

主人把院子里仔细检查了一遍，又查看了家禽栏里的情况。一切正常，什么危险也没发现。不可能有偷袭者能闯过这么坚固、结实的大门。或许家禽们刚才做了一场噩梦，毕竟它们现在不是已经恢复平静了吗？

于是人们回去接着安心睡觉，可仅仅过了个把小时，又鹅叫鸭喊地吵嚷起来了，一片慌乱之声。究竟是什么原因呢？又出什么事情了？打开窗户静静地倾听，天空是漆黑的，只有小星星们眨着金色的眼睛。

可是，过了不一会儿，像是有影影绰绰的一条什么东西，从

空中掠了过去。那影子秩序井然，一条又一条，把天上的星星都遮蔽了。一阵低沉的、若断若续的轻啸声跟着传来。在苍茫的夜色中，在高高的天空上，响起一阵模糊不清的声音。

家鹅和家鸭一下子都醒来了。这些家禽已经忘记了在天空自由翱翔的滋味，可这会儿却又忽然莫名其妙地打内心里感到一种冲动，它们高高地扬起翅膀，不住地扑腾。它们踮起脚掌，伸长脖子，叫呀，嚷呀。在叫嚷声里，明显能听出它们的苦闷和悲哀。

它们那些行动自由，生活于野外的兄弟姐妹们，在辽阔的夜空回应着它们的呼唤。一批接一批的游客，正从石头房子和铁房顶上经过，野鸭"扑棱扑棱"地拍打着翅膀，大雁和雪雁此起彼伏地呼喊着：

"上路吧！上路吧！甩掉寒冷！甩掉饥饿！上路吧！上路吧！"

候鸟们越飞越远，声音也渐渐微弱直至消失，只剩下那些早已遗忘了飞行的滋味的家鸭和家鹅们，在石头院子里徒劳地吵嚷着。

顾此失彼

在九月的一天，我和几个同学一块儿去树林里采蘑菇。一进林子，就吓跑了四只短脖子的灰色榛鸡。

后来，我遇到了一条死蛇。这条死蛇已经风干了，被挂在树墩子上。树墩子上有个窟窿里面传来"唑唑"的叫声。我猜那肯定是个蛇洞，就赶紧逃离了这个可怕的地方。

随后，我走到了一片沼泽地，然后看到了我从来没有见过的动物——从沼泽地里飞起的一只鹤，长得真像只绵羊。从前，我只在课本的插图上见过鹤，

每个小伙伴都采了满满一篮蘑菇，可我一直在树林里东跑西颠，光顾着听鸟儿们唱歌了，没有好好采蘑菇。

我们在回家的路上看到了一只灰兔，但是它的脖子和后脚跟却是白的。

我绕过那棵有蛇洞的树墩，还看见一群大雁飞过我们的村庄，"嘎嘎"地大声叫着。

《森林报》通讯员　别茨美内伊

乖巧的小喜鹊

在春天，村里几个调皮的孩子扒掉了一个喜鹊窝，我便从他们那里买了一只小喜鹊。仅仅相处了一整天，它就和我很熟识了。第二天的时候，就敢到我手里来吃东西、喝水了。我们亲切地称呼它为"魔法师"，它很快喜欢上了这个名字，我们叫它的名字，它就一定会回应！！

小喜鹊的羽翼丰满之后，总爱飞到门上去，在那里站岗放哨。门对面的厨房里放了一张桌子，桌子中间有一个可以拉出来的抽屉，里面总放着一些好吃的东西。有时候，我们才刚刚

打开抽屉，小喜鹊就迫不及待地从门上飞过来，冲到抽屉里去，急匆匆地抢着美味的食物。想把它拖出来时，它还拼命地挣扎，死活不肯呢！

我去打水时，叫一句："'魔法师'，跟着我！"

它就飞到我肩膀上，一路陪伴着我。

我们吃早餐时，喜鹊最积极，忙里忙外地又是放糖，又是拿甜面包，还不小心把小爪子伸进滚烫的牛奶里。

我在菜园的胡萝卜地里除草时，是喜鹊最搞笑的时候。

它先站在那里先认真观察一番，然后开始实践操作，照着我的动作，把绿叶子一根根地拽起来堆成一堆，哈哈，它想帮我拔草呢！

可惜，它不认识哪些是杂草，哪些是胡萝卜，一股脑全地拔出来了，真是一个可爱又可气的小帮手啊！

森林通讯员　蔽拉·米赫耶娃

巧遇山鼠

在我们筛选土豆时，牲口圈里忽然有什么东西在沙土下慢慢钻动。一只小狗"闻讯而来"，守候在旁边，用鼻子开始进行搜查。那小东西还是在窸窸窣窣地钻来钻去，冲着小狗所在的位置拱了过去，于是小狗一边用爪子刨土，一边发出"汪汪"的警告声。小狗先挖出一个小坑，把那小东西的脑袋露出了一点点，小狗接着把坑越挖越大，终于把那小东西拽出来了。这小东西还想咬小狗呢，被小狗"嗖"的一下从身上甩了出去。

原来是一只如小猫般大小的小兽，灰蓝色的皮毛中夹杂了些许黄色、黑色和白色。

这就是被我们称为"山鼠"的一种小动物。

各自寻找藏身之处

天气越来越冷了。美丽的夏天走远了。

血液似乎快被冻住了，身上疲乏无力，只想酣睡，不想动弹。

甩着尾巴的蝾螈，一夏天都躲在池塘里不曾露面，现在终于上了岸，慢悠悠地爬到树林里，找到一个腐烂变软的树墩，钻到树皮下蜷成一团。

青蛙却与它恰恰相反，青蛙是从岸上回到池塘里，沉到水底盖上一层厚厚的淤泥。

蛇和蜥蜴是躲到树根底下，用暖和厚实的青苔把自己裹好。

在河流的深水处，溪水的坑洼底，小鱼们互相依偎在一起。

蝴蝶、苍蝇、蚊虫、甲虫等，都在树皮和墙壁的缝隙里找到了过冬的安乐窝，搬了进去。蚂蚁们关闭了大门，封住了城墙的所有出口，那城墙足有100个站台呢。然后它们都回到城堡的

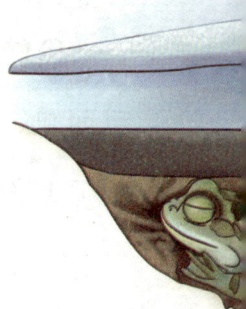

最里面，聚集在一起，你挨着我，我靠着你，依偎着静静地进入了梦乡。

挨饿受冻的日子到了！

飞禽走兽等热血型动物，虽然不太惧怕寒冷，但需要食物不断提供能量：吃下去的东西，好似体内燃烧的火炉可以为它们提供热量。所以饥饿是寒冷的连体姐妹，总是相伴相随。

由于蝴蝶、苍蝇、蚊虫等小昆虫都不见了踪影，蝙蝠没了食物，也无可奈何地去冬眠了——它们钻进树洞、石穴、岩缝或者阁楼屋顶里，用爪子紧紧抓住某样东西，头朝下，倒挂金钩一般，它们用翅膀裹住身体，好似穿了一件厚实的斗篷——就这样睡着了。

青蛙、癞蛤蟆、蜥蜴、蛇和蜗牛都藏起来睡觉了。刺猬钻进了树根下的草窝里，獾也很少出来走动了，候鸟也都飞往温暖的地方度假去了。

知识延伸

　　文章内容丰富多样，却又详略得当。作者用生动流畅的语言将都市里的日常生活琐事，描写趣味十足，增加了文章的可读性和吸引力。

候鸟越冬

从空中欣赏秋景

要是能从空中欣赏一下我们辽阔无边的国土，该是一种多么美妙的享受啊！秋天里，乘坐热气球徐徐升到高空——比巍峨耸立的森林更高，比飘荡的白云更高——大约在地面以上30公里处吧，就算是这样的高度，却依然无法看到疆土的整体轮廓。不过，在天气晴朗万里无云的时候，没有了一丝障

碍物，视野还是相当开阔的。

从高处往下看，会误以为整块大地都在移动，其实是有东西在森林、草原、山丘和海洋的上空移动。仔细看，原来是数不清的小鸟，汇集成的飞翔的队伍。

我们家乡的小鸟，都踏上旅途，到温暖的地方过冬去了。

不过，也有不少小鸟留守故乡，比如麻雀、鸽子、寒鸦、灰雀、黄雀、山雀、啄木鸟等，以及除鹌鹑之外的所有野雉，老鹰和猫头鹰也会留下。即便如此，冬天里的猛禽们依然无聊至极，毕竟大多数的鸟儿都离开了。候鸟的离去从夏末就拉开了序幕，最先离开的是春天最后返回的那一批，然后这离开将整整持续一个秋天，直到河水上冻时截止。最后离开的是春天最先返回的一批，比如秃鼻乌鸦、云雀、椋鸟、野鸭、鸥鸟等等。

什么种类的鸟往什么方向飞行

你们认为所有的鸟儿都是从北往南飞吗？不对！

不同种类的鸟儿在不同的时间启程。为安全起见，大多数鸟儿选择在夜里飞行。不是所有鸟儿都从北方飞往南方：有些是从东方飞往西方；有些恰恰相反，从西方飞往东方。我们这里的鸟儿，有一些甚至是要一直飞到遥远的北方去度假的！

我们的特派通讯员，有的发来无线电报，有的利用无线电广播，频频传回消息：什么样的鸟儿往什么地方飞，以及这些旅客们在途中的身体情况如何等等。

从西往东飞行的鸟儿

"嘁，咦！嘁，咦！"红色的朱雀们这样交谈着。一进八月，它们就从波罗的海边，从列宁格勒省区和诺甫戈罗德省区开始踏上征程。它们不紧不慢地飞着，因为到处都有充足的食物，让它们可以吃得饱饱的，着什么急呢？而且这可不像春天，需要抓紧时机返回故乡去建造小窝和生养宝宝！

它们先是越过伏尔加河和乌拉尔的一座较矮的山脉，然后飞过巴拉巴——西伯利亚西部的草原，一天又一天向着东方，向着太阳升起的方向。它们途经一片又一片的森林——巴拉巴草原上布满了桦树林。

它们尽量利用夜晚的时间飞行，利用白天的时间吃饭和休息。虽然它们是结伴而行，并且队伍里的每个个体对周围的情况都时刻保持警惕，以免发生不幸，但意外仍会时不时降临——一不小心，就有一两只同伴惨遭老鹰的毒手。在西伯利亚，雀鹰、燕隼、灰背隼等凶猛的飞禽实在是防不胜防，它们的飞行速度极快！小鸟们在从一片丛林飞往另一片丛林的途中，损失惨重！在夜里飞行就会安全很多——因为相对于那些数目庞大的猛禽，猫头鹰实属少数。

沙雀在西伯利亚拐弯,因为它们要飞过阿尔泰山脉和蒙古沙漠，飞到炎热的印度去，并在那里过冬。在这漫长而又艰难的旅途中，这些可怜的小鸟，有多少要成为猛禽的食物啊！

铝环φ-197357 号的简历

　　我们这儿曾经有一位来自俄罗斯的年轻科学家，在一只北极燕鸥雏鸟（一种身形纤细的鸥）的爪子上安装了一个轻巧的金属小圆环，环的标号为φ-197357，时间为 1955 年 7 月 5 日，地点为北极圈外白海边的干达拉克沙禁猎区。

　　这一年的 7 月底，幼鸟才刚刚学会飞翔，北极燕鸥就集体开始了冬季旅行的航程。开始时，它们向北飞，越过白海海域；然后往西飞，沿着科拉半岛的北岸；之后又向南飞，沿着挪威、英国、葡萄牙和整个非洲海岸；然后它们越过好望角，从大西洋一直朝着印度洋向东飞去。

　　1956 年 5 月 16 日，一位澳大利亚的科学家在大洋洲西岸福利曼特勒城的附近，捉到了这只套着φ-197357 号金属圆环的小北极燕鸥。从干达拉克沙禁猎区到这里，直线距离共 24000 公里。如今，这只小鸟的标本和它身上的圆环一起，被澳大利亚彼尔特城动物园的陈列馆所保存和收藏。

从东往西飞行的鸟儿

　　每年夏天，奥涅加湖上都要孵化出大群大群如乌云一般的针尾鸭和大群大群如白云一般的鸥鸟。到了秋天，它们集体朝着太阳落下的方向迁移，好似大片的乌云和白云在天空中缓缓移动。看，一批针尾鸭和鸥鸟已经启程前往度假地了，我们乘飞机一路随行吧！

听到一阵尖锐的呼叫声了吗？随之而来的是翅膀的拍打声，水的泼溅声，还有野鸭和鸥鸟们呼天抢地的救命声。

它们原准备停落在林中池塘里稍事休息，却突然遭遇一只游隼的偷袭。如同牧人的长鞭呼啸着滑过长空，游隼在飞行的野鸭上空快如闪电地飞着，它最后那个指头上的爪，好似尖刀一样锋利无比，它依靠利爪很快将鸭群冲撞得七零八落。有只野鸭不幸受伤了，长脖子像鞭子一般耷拉下来，没等它落入水中，快如闪电的游隼一个急转弯，在湖面之上抓住了它，并用钢铁般尖硬的嘴巴给了它后脑勺致命一击，就把它带去当午餐了。

这只游隼简直就是野鸭甩不掉的"幽灵"。它和野鸭一起从澳涅加湖出发，跟随它们一路经过列宁格勒、芬兰湾、拉脱维亚……如果它吃饱喝足了，就站在岩石上或者树枝上，冷冷地斜睨着鸥鸟在水面上飞掠，看着野鸭在水面上脚朝天头朝下地频频钻入水中，嬉戏着翻跟斗；瞅着它们从水面上飞起，集结成队继续向西飞，向黄球般的太阳往波罗的海的灰色海水里沉落的方向飞。

但是，只要游隼

的肚子一饿，它就立刻腾飞到天空中，迅速追上野鸭群，冲进去，捉到一只野鸭来充饥。

它"形影不离"地跟随着野鸭群，飞过波罗的海岸和北海岸，来到不列颠岛。到这里，野鸭们才终于结束了噩梦般的生活。野鸭和鸥鸟们就停在这里过冬，而兴致不减的游隼会盯上其他继续向南飞行的野鸭群，飞向法国、意大利，甚至越过地中海，飞往烈日炎炎的非洲。

飞往漫长黑夜的北方

多毛绵鸭的鸭绒又轻又软，常被人们用来缝制冬大衣。它们在白海的干达拉克沙禁猎区生养后代，这个地方开展保护绵鸭的活动已经有许多年了。大学生和科学家们把刻有标号的轻巧

金属环套在绵鸭的腿上，以便调查清楚绵鸭飞往何处过冬，有多少绵鸭会重返它们在禁猎区的家，以及这种珍稀鸟儿的其他生活习性。

现已得知，绵鸭从禁猎区出发，一直向长夜漫漫的北方飞去，飞到北冰洋，那里有格陵兰海豹和总爱长吁短叹的白鲸。

白海一到冬天就会结上厚厚一层冰，绵鸭在此找不到食物。而在北方，水面常年不会冻结，海豹和大白鲸可以捕捉到鱼儿。

绵鸭站在岩石或者水藻上啄吃水生软体动物，只要能填饱肚皮，严寒的气候，茫茫汪洋以及一片漆黑，它们也不惧怕。绵鸭身上布满茸毛，透不过一丝寒气，是世界上最保暖的衣服！况且还能欣赏到炫丽的北极光、巨大的月亮、闪亮的星星。太阳就算是一连几个月不露面也没关系，绵鸭们非常享受这能吃饱喝足又悠闲自在的漫漫寒假。

知识延伸

> 候鸟迁徙，不仅仅是飞往南方，它们有的往东飞，有的往西飞，有的往长夜漫漫的北方飞……作者通过举例否定了"所有鸟儿都是往南飞"的观点，同时也让读者开阔眼界，增长了知识。

林中大战（续前）

　　我们的通讯员找到了之前林中大战的旧战场，那就是他们最初采访过的云杉国。

　　关于这场残酷战争的结局，他们采访到如下消息——虽然大批的云杉在与白桦、白杨的搏斗中死去了，但它们还是取得了最终的胜利。

　　这是因为云杉比敌人年轻，而白桦和白杨的寿命比云杉短。它们已经年老体衰，不能像对手那样长势迅速，于

是身高被云杉超过，头也被云杉毛茸茸的大掌死死按住。然后，这两种喜光的阔叶树就这样慢慢地枯萎了。

而云杉却在不停地生长，它们的树荫越来越浓，树下的地窖也越来越深，越来越暗。在地窖里，凶恶的苔藓、地衣和小蛀虫们在等待着分享胜利的果实，战败者将在它们的口中变成一片残骸。

一年又一年过去了……自打那片茂密阴郁的老云杉林被伐光之后，时间已经过去了一百年，抢夺这片空地的林中大战也持续了一百年。现

在，那里又耸立起一片同样茂密、同样阴郁的老云杉林。

在这片老林里，没有飞禽的歌声，没有走兽的欢叫。甚至就连偶然长出的小花小草也会逐渐枯萎，很快在这阴森森的云杉国里毙命。

每年冬天都是林木休战的季节。林木入睡了，睡得比洞中的熊还沉，如同死去一般。它们的体液不再流动，它们停止了进食，停止了生长，只是维持着昏昏沉沉的呼吸。侧耳聆听，是万籁俱静的世界；放眼望去，是尸骸遍地的战场。从我们的通讯员那里获悉，这片老林将在今年冬天按照规划被砍伐。

明年这里将又是一片空地，一场新的林中大战又将爆发。不过，这次我们不再允许云杉横行了。我们将对这种旷日持久的惨烈战争进行干预——把一些新的林木家族迁移过来并关照它们的成长，在必要时，要对林木的枝条进行修剪，让明媚的阳光照射进来。

那时，这里将在一年四季都能听到鸟儿欢乐的歌声。

知识延伸

作者采用大量的环境描写和细节描写，将云杉林阴森森的氛围描写得生动形象。另外作者在结尾处展开美好的联想，与前面阴森压抑的环境形成鲜明对比。

农家生活

田野里空荡荡的。粮食获得了大丰收，人们已经尝到了新粮制成的馅饼和面包。

种在峡谷和斜坡上的亚麻，经历了一年的风吹日晒，终于到了收割的时节，人们把它们运到打谷场上，揉搓去皮。

孩子们已经开学一个月了，他们劳作的身影消失在田里。人们把马铃薯全部挖出来，有的运到车站去，有的储藏到干燥的沙坑里。

园里的蔬菜也已收割殆尽。人们拉走了最后一车长得瓷瓷实实的卷心菜。

田里那些秋天种上的庄稼，也已抽出了绿油油的叶子。

新的"美食"自投罗网——是灰山鹑，它们飞到收割完毕的田里，而且不

是单家散户地来，是成群结队地来，每群足有一百多只呢！农民们又可以大丰收一次！

打山鹑的时节也渐渐要远去了。

治理沟壑

农田里出现了一些沟壑，并且不断蔓延，甚至快要侵吞我们的农田了。大人们为此很头疼，我们这些少先队员们也很着急。春天时，我们专门开了一次队会，商量如何治理这些沟壑才能让它不再继续扩大。

要想阻止其蔓延并最终征服它们，就需要在沟壑四周栽种上树木。这样一来，树根会牢牢地抓住那些土壤，沟壑的边缘和斜坡就会稳固下来。现在是秋天了，苗圃里培育的白杨树苗、藤蔓灌木以及槐树树苗，已经可以开始移栽了。

过不了几年，这数千棵乔木和灌木就能稳固住沟壑的斜坡，我们必将征服那些沟壑。

少先队大队委员会主席　柯里雅·阿加法诺夫

快来采摘树种

九月里，不少乔木和灌木的种子以及果实都开始成熟。这一时期最重要的事情是采摘树种，日后可以把它们播种在苗圃里以及运河和新池塘里，美化环境。

采摘乔木和灌木种子的最佳时机是在它们完全成熟之前，或者是刚刚成熟的时候。尤其是尖叶槭树、橡树和西伯利亚落叶松的种子，更需要及时采摘。

九月里可以开始采摘的树种有：苹果树、野梨树、西伯利亚苹果树、红接骨木树、皂荚树、雪球花树、马栗树、欧洲板栗树、榛树、狭叶胡秃子树、沙棘树、丁香树、乌荆子树以及野蔷薇，克里木和高加索常见的山茱萸的种子也可以开始采摘了。

我们的好点子

现在，全国掀起了轰轰烈烈的植树造林运动。

春天的"植树节"成了一个名副其实的造林盛宴。我们在池塘周围栽种的树苗，日后能保护池塘免于晒干；在河岸上栽种的树苗，能防洪护堤；在学校操场栽种的树苗，能绿化校园。现在这些树苗都活了，在夏天长高了不少。

如今，我们又想出一个好点子。

我们田里的道路，一到冬天容易被雪掩埋起来，所以每年都得砍伐很多小云杉树，用来做成护栏，有些地方甚至还要竖起路标，以免行人在暴风雪中迷路，掉进雪坑。

　　我们想，与其每年都需要牺牲那么多小树，不如在道路两边直接栽上小云杉，这样的话，树苗长大了，既可以保护道路，又可以当作路标就不需要砍伐那么多树了！

　　说干就干，马上行动。我们从森林边上挖出很多小云杉，把它们移植到道路两旁。

　　我们细心地照看它们，按时浇水，让小树苗们在新家快快乐乐地成长。

《森林报》通讯员　万尼亚·札米亚青

知识延伸

　　作者用朴实自然的语言在读者面前展示了一幅安宁恬静、生机勃勃的乡村画卷，同时也将人类活动描写得十分详细。

农家新闻

挑选母鸡

昨天，农庄的养鸡场上演了一场"母鸡大选"。饲养员先用木板把它们赶到角落里，然后再一只一只地抓去给专家做鉴定。

专家手里抓着一只细长嘴巴、身材苗条的母鸡，它小小的冠子颜色苍白，眼睛像没睡醒似的，一副傻模样，似乎心

里还在犯嘀咕："干什么抓我啊？"

专家放下它，说道："这不是我们想要的母鸡。"

然后，专家抓了一只嘴巴短短、眼睛大大的小母鸡，它的脑门宽宽的，冠子肥厚且颜色鲜艳，眼睛炯炯有神。它劲头十足地又是拍打，又是喊叫："放手！马上放手！不许抓我！我只是刨刨蚯蚓而已，又没招惹你们！真烦！"

专家点点头道："嗯！不错不错！这只才是产蛋高手。"

原来活泼开朗，精力充足的母鸡才是产蛋能手啊！

搬新家换新名

春天，鲤鱼妈妈在一个小池塘产下许多卵，这些卵孵出了70多万条小鱼苗。池塘里就只住了它们这一大家子。

即便如此，几天过后，长大一点的鱼苗们也已经感觉拥挤不堪了，于是搬进了夏天居住的更宽敞的新家，当它们在这里长到秋天时，就要把名字从鱼苗换作小鲤鱼了。

现在，冬天到了，又要搬家了。它们已经满一岁了。

快乐的星期天

星期天，小学生们到农庄帮忙采收甜菜、冬油菜、芜菁、胡萝卜和香芹菜。孩子们惊讶地发现，芜菁竟然长得比年纪最大的瓦吉克的脑袋还要大。

更令人惊叹的是巨型胡萝卜，把一根竖起来，竟然和葛娜的膝盖一般高！它的上半截宽度竟和一个巴掌差不多宽。

"从前的人甚至可以用这些蔬菜来打仗了。用芜菁做手榴弹，准能砸晕敌人；用胡萝卜做大棒，敲得碎敌人的脑袋呢！"葛娜嚷嚷道。

"可是古代根本长不出这么大的蔬菜啊！"瓦吉克说道。

巧用瓶子捉小偷

"把小偷关在瓶子里！"这句话是养蜂人说的。

那天，因为天冷，蜜蜂没有飞出蜂房。而黄蜂这群强盗正等着这个机会哩。

强盗们飞到养蜂场来偷蜂房里的蜂蜜。可是，它们还没飞到蜂房，就闻到一股蜂蜜的香味，然后看到养蜂场上摆着几个装蜂蜜水的瓶子。

于是黄蜂立即改变了主意，决定不再到蜂房里去偷蜂蜜了。也许它们觉得，从瓶子里偷会显得更文明些，而且没有从蜂房里偷有那么大的风险。

它们钻进瓶子里去试了试，然后都上了当，凡是进去的，都被关在瓶子里了。

尼娜·巴甫洛娃

知识延伸

本章语言轻松活泼，两只母鸡的对话及葛娜和瓦吉克之间的对话充满童趣，体现了作者丰富的想象力。

老猎人讲述的故事

篝火旁

我跟着几个老猎人到林子里和湖边去打猎。

我们打到了一只夜猫子，虽然它是偶然撞到我们枪口上的。虽然收获不大，也算有野味了。我们按诺夫哥罗德人的方式点上了火，熬了些鹰爪汤来当茶喝，这种在篝火上烧出的汤非常

好喝！

又是靠讲故事来消磨这一夜的时光，而天一亮就该出发了。

叶夫赛老爷爷第一个讲："你们这里的鸟呀、兽呀，都太平常、太普通了。我们克里米亚的可不一样，我在那里当过兵，什么世面没见过！但我却没有见过那里一种特别奇怪的鸟。"

"好戏开场了！"我心里想。

我问老爷爷："叶夫赛老爷爷，您的意思是您碰到过人们从来没见过的鸟吗？"

"我的话么，你可以信，也可以不信。我见过一种野鸭，它虽然叫鸭，可个头有鹅那么大。这野鸭厉害得很，这么说吧，就像扑食的猛兽，如果它在草原上发现一只守在窝边的狐狸，它马上就会扑过去咬住狐狸的脖子，就地把它吞下去。刺猬窝它

也占，占了就住下，在那里下蛋孵小鸭。"

"那它个子究竟有多大呀？"我问。

伊万爷爷窃笑着说："只管说你的吧，反正也没人信。"叶夫赛爷爷接着说："我说过，它的个子跟鹅一般大。它的鼻子是红色的，头和普通的鸭差不多，全身带着花斑。它那次吃了狐狸后，狐狸窝里就只剩下了狐狸的一根尾巴和一张皮。这可是我亲眼看到的。"

伊万爷爷开口说："这么厉害又凶恶的禽鸟，在我们

这里肯定是没有的。不过有些小鸟很奇怪，简直能叫你目瞪口呆！曾有个叫维津卡的小孩子从城里来跟着我去打猎，他为了过过枪瘾，把子弹中的火药倒掉后再装进枪膛里对着枞树枝瞄准，我就站在他旁边。这是我亲眼看到的——你爱信不信。"叭"地一声枪响后，从树枝上掉下来一只小鸟。那是一只比蜻蜓大些的鸟儿，它小巧玲珑，可爱极了！我刚才跟你们说过子弹里面根本没有装火药。那只可爱的小鸟是被空枪的声音吓呆后掉下来的。维津卡把它捡起来，揣到怀里带回了家。他的家就住在我们城里的一幢别墅里。他把小鸟仰放在桌上，它估计被吓坏了，连眼也不睁，之后它又缓过神来，一拍翅膀就飞到了窗框上，好像什么事也没发生过似的！之后，淮津卡把它装进笼子，养了整整一个月。它一身暗红色，简直像一小团火！"

听完伊万爷爷的故事，叶夫赛爷爷又喋喋不休地说了下去："想当年我服兵役时发生过一件事。有一次，叶罗什金少校在林子里看见一只熊从山上走了下来。这头熊当时正做着自己日常的活计——把石块搬开，寻找些昆虫、蜒蚰、老鼠吃。叶罗什金少校抓起一片草皮准备朝熊打去。其实他是出来打棒鸡的，随身带了枪弹，不过一紧张他竟把这事忘记了。

熊已经走到山脚下，简直可以说，近在眼前了。哪怕他放上一枪，就算伤不到它的皮也会给它个厉害瞧瞧。

　　而少校这时突然开始放声嘲笑起它来：'我亲爱的小熊呀，你跳的姿势多难看，你叫的声音多难听！'然后只见那头熊头朝下从山坡上叽哩咕噜地滚了下去，一下子跌进了灌木丛，身后只留下了一阵"沙沙"声！我和少校哈哈大笑起来。后来我们决定跟着过去看看它留下的脚印。

　　说实话，它的脚印并不好看。这头熊被吓坏了，所以脚印歪歪扭扭的。更不可思议的是，当我们走进灌木丛一看，它像个木墩子似的躺在那儿，居然被吓死了……这一笑竟然比枪弹还厉害！"

　　老人们对这个事件评论了一番，之后又各自回忆起自己打猎的趣事。

　　"看，篝火熄灭了，"老猎人们说，"蚊子又盯上我们啦！天快亮了，该去干活了。"

知识延伸

　　"大千世界，无奇不有"。猎人们讲述了一系列令人叫绝的奇闻趣事。作者采用朴实流畅的语言将故事娓娓道来，使读者像围坐在篝火旁听故事一样，产生一种身临其境的感觉。

林中狩猎

琴鸡上当了

秋天就要到来的时候，琴鸡凑成了一群一群的。雄琴鸡浑身是黑色的，翅膀是硬硬的，雌琴鸡则是带有斑点的浅棕黄色。

浆果树丛里来了客人，那是琴鸡群飞下来了，吵吵闹闹的。

顿时，地上到处都是鸟儿的身影，它们在四处找吃的。坚硬的红越橘被啄开了，草丛也被刨开了。细沙和碎石是可以吃的吗？是的，它们可以磨

碎鸟儿嗉囊以及胃里比较坚硬的食物以促进鸟儿消化。

突然，从干枯的落叶堆上传来"沙沙沙"的声音，脚步有点儿急，是谁来了？琴鸡警觉地抬起头来。

一只北极犬飞快地从树木间跑来，两只尖尖的耳朵树立着。北极犬越来越近了！

琴鸡们四散奔逃，有的悻悻地飞上了树枝，有的则躲藏在草丛里面。

北极犬来来回回地穿梭于浆果树丛里，吓得琴鸡们不停地飞来飞去。

过了一会儿，北极犬的眼睛盯着一只琴鸡，在树底蹲下，"汪汪"地一通乱叫。

琴鸡也不甘示弱，睁大了眼睛瞪着它。时间一长，琴鸡变得不耐烦了，开始在树枝上踱步，从这头踱到那头，又从那头踱到这头，中间还不时地回头瞧瞧北极犬。

"讨厌死了！赖在这里干吗？你还不快走！瞧你那德行……该干吗干吗去！你走了，我也好下去继续享用可口的浆果。"琴鸡心里想着。

"呼"地一声枪响，那只琴鸡突然掉落在地上。它没想到，就在它全部注意力都放在北极犬身上的时候，蹑手蹑脚走过来的猎人，冷不丁地一枪打中了它。枪声过后，琴鸡们全部慌里慌张地飞了起来，扑腾翅膀的声音响成一片。它们飞在树林上空，只想远离猎人，远离这个地方。看着下面的小树和林中的空地，它们心有余悸，生怕那里藏有猎人。

看，有三只琴鸡安然地蹲在白桦树上，树冠上已经没有叶子了。很明显，落在这里是没有问题的，是安全的。要是猎人藏在附近的话，那三只黑色的琴鸡还不早就飞跑了？

琴鸡慢慢地降低飞行高度，最后小心翼翼地落到树枝上。那三只琴鸡却一动也没动，还是蹲在那里，也没有回头，它们可真够镇定啊！新来的琴鸡禁不住仔细打量起它们。没有错，就是琴鸡啊！你看它浑身乌黑，眉毛红红的，翅膀上有白色斑点，尾巴上也有分叉，眼睛里还闪着黑黑的亮光。

一切都是那么正常。

"砰！砰！"

发生什么事情了？枪声是从哪儿来的？两只新来的琴鸡怎么从树枝上掉下去了？

一股青烟从树顶飘起，转眼间就不见了。原来的那三只琴鸡依然是老样子，蹲在那儿一动不动。新来的那群琴鸡还蹲在那里，盯着它们看。因为树下面一个人影也没有，没必要离开这里的。

新来的琴鸡转头看了半天，周围一片宁静，它们也就放心了。

"砰！砰……"

一只雄琴鸡应声掉在地上，像一团泥一样摔下来，另外一只突然向空中高高地弹起，但转眼间也摔落下来。还没等受伤的琴鸡掉落在地上，彻底受到惊吓的琴鸡群已经全部飞得不见了踪影。树枝上剩下的还是原来的那三只琴鸡，一动不动地蹲在那儿。

一个手里拿着枪的猎人，从树下面一间很隐蔽的帐篷里走出来。他收拾了一下猎物，把枪靠在树上，然后往白桦树顶爬去。哈哈，那三只一动不动的琴鸡，原来是用黑绒布制作的。

在远方，正在那片森林上空飞过的，就是刚才受到惊吓的那群琴鸡。它们现在成了真正的惊弓之鸟，害怕每一棵树木，害怕每一丛灌木。它们不知道什么时候从哪里又会出现新的危险，不知道怎样才能彻底躲开人们的枪口，不知道猎人还有哪些捕鸟的新法子。

大雁的好奇心

　　猎人都知道，雁是种好奇的动物，他们还知道，这种鸟比其他鸟要更加谨慎。

　　有一群雁落在离河岸一千米外的沙滩上。那里人迹罕至，连动物的影子也见不到。雁把头埋在翅膀下，缩起一只爪子，安然地睡着大觉。

　　它们尽可放心，因为还有放哨的呢。雁群的四面都有一只老雁在值岗，它们瞪大了眼睛

严密地注视着周围，连瞌睡也不敢打。我们且看看，它们是怎么应对意外情况的。

岸上出现了一条小狗，放哨的雁立刻伸长了脖子，全神贯注地盯住它，看它要做什么。

小狗在岸上一会儿从西跑到东，一会儿又从东跑到西，不知在逮什么。根本不理会这些大鸟。

看来，没有什么可疑的事情。可是好奇的雁总想弄明白，这条狗在东跑西跑地折腾什么。还是要走近去看看……

一只放哨的老雁摇摇晃晃地来到水边，跳了进去，向小狗那里游去。它轻轻的划水声惊醒了三四只安睡的同伴，它们也看到了小狗，也就尾随着老雁向岸

那边游去。

它们游近一看，原来是从岸上一块大石头后面，飞出了一个个面包团，这些面包团忽而飞向东，忽而飞向西。那条小狗就摇着尾巴跑来跑去地追着落在沙滩上的面包吃。怎么会飞出面包团？石头后面有什么呀？

这几只雁更加靠近岸边，伸长了脖子去查看……几声巨响后，它们正在探究的脑袋一下子栽进了水里——要知道，石头后面的那个猎人的枪法是很棒的。

六条腿的马

一群雁落在田里，尽情地享受着美味。四周布下了放哨的，警惕人和狗的接近。

远处有几匹马在走动。雁才不怕它们呢！因为大家都知道，马性情温和，又只吃草，从不侵犯鸟类。

其中一匹马，一面拣着又短又硬的残穗吃，一面甩着尾巴向雁群走来。这没什么，就是它走到跟前，也来得及飞起来。

这匹马可真奇怪，怎么长着六条腿呢？真是不伦不类……虽然其中四条腿没有异样，可另外两条却穿着裤子。

放哨的雁"咯咯"地叫起来，发出警报。那群雁都抬起了头。马一步一步地走近了。放哨的雁扇动翅膀，飞到空中去侦察。它从空中一看，马后面竟然还藏着一个端着枪的人。"咯咯咯！咯咯咯！"前去侦察的雁发出逃跑的信号。群雁立刻拍起翅膀，无奈地从地面飞起。猎人很沮丧，放了两枪"马后炮"。可是雁群已经飞远了，枪打不着了，这群雁侥幸地死里逃生了。

应战

　　森林里每晚都能传出麋鹿的叫嚣声："不要命的就出来厮杀吧！"这声音听起来真的很像战场上的号角声。

　　一只老麋鹿从它那长着青苔的洞穴里走了出来。只见它宽阔的犄角分为13个叉，身长约2米，体重400多千克。

　　谁敢挑战这林中的头号壮士呢？

　　老麋鹿迈着它笨重的蹄子，蹄印深深地印在了湿漉漉的青苔上。它气势汹汹地前去应战，挡路的小树都被它撞得七零八落。

　　敌手的叫嚣声又传了出来。

　　老麋鹿用可怕的吼声做了回应。这声音真的吓人，琴鸡群都扑扇着翅膀从白桦树上飞走了，胆小的兔子在地上蹦得老高，拼命冲进密林。

　　"是谁的胆子这么大？"老麋鹿心想。

　　老麋鹿的双眼布满血丝，全力地冲向对手。只见树木逐渐稀疏，它最后冲到一片林中空地上……原来战场在这里呀！

它从树后发起冲锋——它想先用犄角撞倒对手，再用沉重的身体压住对手，最后用锐利的蹄子把对手踩成肉泥。

直到枪声响起，老麋鹿才看见原来树后站着的是一个拿枪的人，他的腰间还挂着一个大喇叭。

老麋鹿慌忙地逃向密林，它因为身上的伤口不断地流血，虚弱得直打晃。

该猎兔了

像往年一样，10月15日报上登载了禁猎野兔期结束的通告。像往年一样，九月初各个火车站已经挤满了一群群猎人。他们还带上了猎犬，有的甚至牵着多只。可这些猎犬不是夏天狩猎带的那种长

毛犬了，而是些健壮的大个子们——长腿、短毛、颜色各异：有黑有灰、有褐有黄、还有的火红火红。身上斑纹的颜色也不尽相同，有黑有红、有褐有黄、还有的是红中带黑。

这些特种猎狗的差事是跟踪猎物，并把它们从洞穴中赶出来，然后追着它们边跑边叫，给猎人报信：猎物走什么路线和它们绕到哪里去了。这样猎人就可以根据猎犬提供的信息，拦截并捕杀猎物了。

在城里不好养这种大型的猛犬，因此许多人没有狗可带，我们这伙人就是这样。

所以我们去找瑟索伊奇，跟他一起围猎野兔。

我们共12人，占了车厢的三个铺间。旅客们直盯着我们中的一个同伴看，并且微笑着交头接耳。但也难怪这个同伴会如此引人注目——他有150公斤，看上去块头也忒大了些，连车厢的门都不好穿过。

他不是猎人，是遵医嘱外出运动的。你别看他胖，却是个射击能手，在射击场上我们谁也比不过他。这不，他也跟我们一起去打猎，为的是在运动时多些乐趣。

围猎

晚上，瑟索伊奇去林区的一个小车站接我们去他家。我们在

他家住了一晚上。第二天一大早，我们这闹哄哄的一大伙人就出发去打猎了。瑟索伊奇又找来了12个集体农庄庄员做围猎喊场人。

我们在森林边停下来，然后我将写了号码的小纸片折成卷，扔到帽子里。我们12个射击手依次抓阄，抓到第几号，就站在第几号的位置。

喊场人都在森林外。瑟索伊奇根据每个人的号码，安排了各自在宽阔的林间道路上站的位置。

我抓到了6号，我们的胖子抓到了7号。瑟索伊奇把我带到我的位置后，就过去安顿这位新手，告诉他猎场的规矩：不能沿着狙击线开枪，否则就有可能会打到旁边的人；当围猎喊场人的声音越来越近时，要停止射击；禁止打雌鹿；一定要根据信号行动。

大胖子的位置距离我有 60 步远。围猎兔子可不像猎熊。围猎狗熊时，射手之间的距离可以隔 150 步远。瑟索伊奇在狙击线上对人不留情面，我听到他正在教训大胖子："你怎么能往灌木丛里钻呢？这样开枪是非常不方便的。你要与灌木丛并排站着，就站在这儿吧。兔子是向下面看的。不客气地跟你说，你的腿就像两根大木头，请把腿叉开点，不然兔子会把你的腿当成树墩子的。"

瑟索伊奇安排好所有的射击手后，就跳上马，到林子外面去布置围猎的喊场人了。

还得再过好久，围猎才能开始呢。我打量着四周的环境。

前面距离我 40 步远的地方，有一些光秃秃的赤杨和白杨，还有一些叶子已经落了一半的白桦，还夹杂着不少黑黝黝、毛蓬蓬的云杉，这些树看起来就像一堵墙似的。可能再过一会，兔子就会从森林深处，穿过这道混合林墙向我这儿跑来，也可能会有琴鸡飞出来。如果我运气好的话，也许还会有林中巨禽——松鸡的光临。只是不知道我能否打中它们。

时间过得好慢，就像蜗牛爬似的。也不知道此时大胖子有什么感觉。

只见大胖子倒腾着双腿，也许他不想让兔子把他的腿当成树墩……

突然之间，有两声又长又响亮的打猎号角声从寂静的森林外传来，这是瑟索伊奇催促围猎喊场人向我们推进的信号。

大胖子举起他滚圆的胳膊，端起双筒枪，枪杆子在他手里好像变成了一根手杖。他立定了，就一动也不动。

他可真是个怪人！预备姿势准备得也太早了，这样胳膊会发酸的。

还没听见呐喊的声音，就听到有人已经开枪了，狙击线的右面先有一声枪响，接着左面义有两声枪响。其他人都开始行动了，我却没有。大胖子也打了两枪，他想打琴鸡，可琴鸡还是飞走了，他白瞎了两颗子弹。

现在，我们隐隐约约能听见围猎喊场人低低的呼应声和用手杖敲击树干的声音了，两侧也传来了赶鸟器的声音，可还是没有什么猎物朝我这边跑过来。

好不容易，终于有一个白里带灰的东西过来了。它出现在树干后面，我一看，原来是一只还没有换完毛的小白兔。

好啊，这可是送上门来的！嘿，这小鬼拐弯了！朝大胖子冲了过去……哎，大胖子，你还磨蹭什么？快开枪啊！开枪啊！

"砰！"

没打中。小白兔径直冲向大胖子。

"砰！砰！"

小兔子的身上腾起了一团灰白色的烟雾。惊慌失措的小兔子，竟想从大胖子那树墩子似的双腿间钻过去。大胖子赶紧把双腿一夹……

难道有人用腿夹兔子吗？小白兔钻了过去，而大胖子庞大的身躯却倒在了地上。

我笑地气都喘不过来了，眼泪也笑出来了。正在这时，我看见又有两只白兔从林子里蹿到了我的面前。可我却不能开枪，因为这两只兔子是沿着狙击线跑的。

大胖子慢慢地跪起身，随后站了起来。他把大手里抓着的一小团白毛给我看。

我冲他喊道："你没摔伤吧？"

"没有，我好歹还把小兔子的尾巴尖给夹下来了。这真的是兔子的尾巴尖！"

他可真是个怪人！

第一次围猎结束了。喊场人从森林里跑了出来，都向大胖子奔了过去。

"叔叔，你是个神父吧！"

"肯定是个神父！瞧他那个大肚子！"

"胖得让人都有

点不能相信啦！他一定是把打到的野味儿都塞进衣服里了，所以才这么胖的。"

这位可怜的射手呀！这要是在城里的打靶场上，谁会相信他能出这种洋相！

这时，瑟索伊奇又在催着我们去田野上进行第二次围猎了。

我们这闹哄哄的一大群人，又沿着林中道路往回走。一辆载着猎物的大车跟在我们后面，也载着大胖子。他太累了，"呼哧呼哧"地不停喘气。

猎人们并不同情这可怜虫，不停地对他进行冷嘲热讽。

道路拐角处的森林上空，突然出现了一只大黑鸟，个头足有两只琴鸡那么大。它沿着道路从我们头顶飞了过去。

所有人都急忙端起了枪，顿时枪声大作，响彻了整个森林。每一个人都急匆匆地开枪，想要得到这只难得的猎物。

黑鸟飞着，飞着，已经飞到大车的上空了。大胖子也把枪端了起来，不过他还是稳稳地在车上坐着。双筒枪在他粗胳膊的衬托下，显得像一根小手杖。

他开枪了。所有人都看见大黑鸟在空中停止了飞行，然后像块木头似的掉到了道路上。

"嘿，真棒！"一个集体农庄庄员赞叹道，"真是一个神枪手啊！"

我们这些猎手都难为情地不吭声了：因为有目共睹，大家都开枪了！但是只有人家打中了……

大胖子拾起猎物，那是只有胡子的老雄松鸡，它比兔子还沉呢！这只野禽很值钱，我们每一个人都情愿用自己今天的全部猎物来交换它。

没有人再嘲笑大胖子了。大家甚至都忘了他用腿夹兔子的这件事了。

《森林报》特约通讯员

知识延伸

本章介绍了大量的打猎技巧，让我们由衷地佩服猎人的智慧。作者善于设置悬念，埋下伏笔，然后逐步推进，故事情节紧张刺激，扣人心弦；最后作者解开谜底，给人拨云见日的感觉。

天南地北

无线电连通

呼叫！呼叫！

这里是《森林报》编辑部。

今天，9月22日，秋分节气。请速速上报你们各地的情况！

苔原、沙漠、森林、草原、海洋、山峦！都请注意啦！

请你们讲讲，你们那里的秋天是什么情况？

回话！回话！

来自雅马尔半岛的通报

我们这里是雅马尔半岛苔原。

现在我
们这儿一片荒凉。
夏天的岩石曾是群鸟汇
集的繁华集市，现在那
里听不到一声鸟鸣了。大雁、
野鸭、鸥鸟、乌鸦等等，各种鸟儿
都已离开了，万籁俱寂，偶尔会传来一阵骨
头猛烈碰撞的可怕声音，那是雄鹿在进行犄角大战。

八月份刚开始，早晨的天气已经变得相当寒冷，所有的水都
冻上了。大部分捕鱼的帆船和机动船早已离开，有些轮船只延
误了几天就被冻在河里了，沉重的破冰船正在坚硬的冰河上，为
它们费力而缓慢地开辟航路。

白昼一天比一天短，漫漫长夜漆黑而又冰冷，空中只剩下一
些白色的苍蝇还在活动。

来自乌拉尔的通报

我们这里是乌拉尔原始森林。

我们正忙于迎来送往一批批客人呢！迎接的是从北方苔原飞来的鸣禽，诸如野鸭和大雁。它们仅仅是路过这里稍事休息，补充点食物，第二天就不见了身影——因为它们在半夜就静悄悄地出发了。送走的是当地的候鸟，它们在这里住了一个夏天，现在大部分都已踏上深秋的航程，要飞向温暖的地方过冬。

风儿揪落白桦、白杨和花楸树上枯黄或发红的叶子。落叶松闪着金灿灿的光辉，原本细滑柔软的针叶也变粗糙了。每到夜晚，几只浑身乌黑、飘着胡须的雄松鸡总是笨拙地飞到落叶松的枝杈上，然后钻进金黄色的针叶中寻找美食。榛鸡们也叽叽喳喳地穿过黝黑的云杉树林。这里还搬来许多新住户：红胸脯的雄灰雀，淡灰色的雌灰雀，深红色的松雀，脑袋红红的朱顶雀以及角百灵。它们来自北方，不再南行，选择这里作为它们的新家。

田野里一片空旷。晴朗的白天里，能看见空中有细长的蛛丝在微风的吹拂下轻轻摇荡。最后一拨三色堇到处盛开。桃叶卫矛丛上，挂着一颗颗鲜红欲滴的小果子，好似中国的小灯笼，煞是好看！

马铃薯的收获已接近尾声，人们现正在收割卷心菜。我们把菜窖堆得满满当当的，足够过冬。空闲时我们还到森林里采集坚果。

小动物们也不甘落后。尾巴细长、背上长有五条刺眼黑纹的金花鼠在树墩下藏了不少杉松的坚果，它们还从菜园里偷来很多葵花子，并塞满了它的储藏室。棕红色的松鼠，换上了淡蓝色的皮毛，在树枝上晒满了香喷喷的蘑菇。还有那长尾鼠、短尾鼠以及水老鼠，储备了一大堆种类各异的谷粒。身上布满斑点的星鸦，也在到处搜集坚果，然后藏到树洞里或者树根底下，以应对可能的粮荒。

熊已经给自己找好了新家，正忙着制作云杉树皮被褥呢。

大家都辛勤地工作着，准备迎接冬天的到来。

来自沙漠的通报

我们这里是沙漠。

现在这里洋溢着一片喜洋洋的节日气氛，好似在欢迎春姑娘的光临，到处生机勃勃的。

雨淅淅沥沥地下，酷热难耐的暑气终于被逼退了。清新的空气沁入肺腑，景物都像被水洗过一样清新洁净。绿油油的小草又露出头了，躲避酷暑的小动物们也都出来了。

甲虫、蚂蚁、蜘蛛都钻出地下的巢穴。爪子细小的金花鼠，从洞穴里探出了脑袋；跳鼠像小袋鼠那样一蹦一跳，屁股后面拖着长长的尾巴；夏眠醒来的巨蟒，又开始捕猎这些鼠类了；猫头鹰、草原狐（鞑靼狐）以及沙漠猫，不知从哪儿冒了出来；体态优美的黑尾羚羊和弯鼻羚羊，这两种长腿健将又开始了短跑比赛；小鸟们也赶过来看热闹。

一切都像回到了森林里的春天，因为这里处处是绿色盎然的生命，一点都不像是在沙漠里。

我们沿着沙地继续前行。

这里，即将铺设几百甚至几千公顷的护林带，这些森林卫士们将保护田野免受沙漠热风的袭击，进而征服整个沙漠。

来自帕米尔山脉的通报

这里是帕米尔山脉。

帕米尔山脉高高耸立，人称"世界的屋脊"。有些山峰甚至高达7000米，直入云霄。

同一时间，我们这里可以四季并存：山下是炎炎夏日，山上却是冽冽寒冬。

现在，秋天到了，冬伯伯开始下山了，它把各种生物从云端里的山顶上往下赶。

夏天住在凉爽的悬崖峭壁上的野山羊，最先开始下山。因为山顶上所有的植物都被厚厚的积雪冻死了，导致它们断了口粮。

绵羊也被迫离开它们的牧场，走下山来。

夏天的高山草场上，原本生活着的一拨肥嘟嘟的土拨鼠，现在也不见了身影，因为它们钻到地下去了。它们准备了充足的食物应对寒冬，然后用草塞子堵好大门，舒舒服服地躲在洞里，一个个养得溜光冒油。

公鹿陪着母鹿沿着山坡走下来。长着胡桃树、阿月浑子树和

野杏树的丛林里，野猪们还悠闲地过着滋润的小日子。

下面的溪谷中飞来一些夏天不曾见过的鸟儿，有角百灵、红背鸫，还有烟灰色的草地鹨和神秘的蓝色山鸫。

现在，北方的鸟儿不远万里，成群结队地飞来过冬，因为我们这里比北方温暖许多，还能为它们提供各色美食。

山峰下面，如今细雨连绵。一阵秋雨一阵寒，冬天的脚步已在悄悄走近，山上早已是大雪纷飞！

人们正在田里紧张地采摘棉花，果园里也在忙着收获各色水果，人们在山坡上采集胡桃。

而山顶上，早已白雪皑皑，一切上山的道路都被阻塞了。

来自乌克兰草原的通报

我们这里是乌克兰大草原。

在被太阳炙烤的辽阔草原上，有数不清的圆球在欢快地飞奔、跳跃，到人跟前就把人团团围住，再轻飘飘地撞到人的脚上，可是撞得一点都不疼。原来这些圆球是一团团干草的枯茎，因为它们的根部和草尖弯弯地翘起来，圆圆的好似小球。枯草球儿一团团地越过土丘、跨过石头，飞到远处去了。

长大的一丛丛风卷球，告别了大地母亲，跟随着风婆婆，从大草原上跑过，好似无数车轮一般。而它们也趁此机会，一路播撒着种子。

热风在草原上没有多少可以嚣张肆虐的日子了。前苏联人民铺设的森林带，已投入战斗，它们将保护我们的庄稼免遭干旱的袭击。连接伏尔加河和顿河的列宁大运河，也送来了一条条灌溉渠。

我们这里正是狩猎的好季节。沼泽地的芦苇丛中汇聚了各种各样的野鸟和水鸟，有当地的，也有路过的，成群结队。峡谷里野草茂盛的地方，躲藏着一群群肥胖溜圆的小鹌鹑。草原上到处都是兔子，没有大白兔，可全是长着棕红斑点的大灰兔。狐狸和狼也多得是，随便你用枪打，或是放猎狗捉，怎么高兴怎么来。

在城里的瓜果市场上，水果堆积如山，有西瓜、苹果、香瓜、李子，还有梨。

来自太平洋的通报

我们这里是太平洋。

我们穿过北冰洋的漫漫冰原，通过亚洲和美洲间的海峡通道，进入了太平洋。

太平洋还有一个更加确切的名字是"大海洋"。在这里的白令海峡，我们常常可以遇到鲸鱼。在鄂霍次克海，我们也能频繁地与鲸相遇。

想不到世界上竟有如此巨大的野生动物吧！你可以试想一下，它们的身躯能有多大，有多重！

我们曾经看到一头鲸。这头鲸是长须鲸，或者叫鳁鲸。它被拖到一艘捕鲸的大轮船的甲板上。这头鲸有 21 米长，如果把大象头尾相接放到它身上，可以放上 6 头大象呢！它的大嘴能吞得下一条连同划桨人一起的木船。

仅就心脏的重量来说，就达 148 公斤，抵得上两个成年人的体重，这条鲸的总重量有 55 吨！

这样大的鲸鱼要是用天平来称，你就得做一架非常大的天

平，为了
使天平两头重
量相等，另一端
需站上男女老少、大
大小小 1000 个人！或许，
1000 个人都还不够呢。何况，这头鲸还不一定是这个水域里最
大的动物。

听说过吗，有一种蓝鲸有 33 米长，100 多吨重……

鲸鱼的力气很大，大到一头被带绳索的镖叉叉中了的鲸也能
把船拖出去很远——拖了一天一夜。还可能发生更危险的情况，
有时候鲸会一头潜进深海里去，这时轮船就会被它一起拖下去。

不过这种危险也只是发生在从前，现在情况大不一样了。我
们很难相信，如此巨大的一头鲸，竟眨眼之间就会丧命在捕鲸

人的手中。

　　不久以前，捕鲸人还在小船上投短镖枪——一种带长索的镖叉捕鲸。水手们站在小船的船头，把鱼叉投到鲸鱼身上去。后来，捕鲸人开始从轮船上，用特制的炮打鲸，不过，炮筒里装的不是炮弹，而是带长索的镖叉。这只鲸也是被这样的镖叉击中的，只是让它致命的不是铁叉，而是电流。原来，在带长索的镖叉上接有两根电线，电线的另一头连接着船上的发电机。在带长索的镖叉似针一般刺进鲸体的一瞬间，电流就接通了，强大的电流就把鲸鱼给电死了。

　　这个庞然大物只是剧烈地颤动了一

阵，两分钟后就死了。

我们在白令海峡附近，看见了海狗；在铜岛附近看见了一些大海獭，它们正带着它们的孩子在游玩。这些野生动物能提供给人类非常贵重的毛皮，所以当年日本和沙皇俄国的强盗们曾疯狂地捕杀它们。后来，它们受到政府法律的保护。现在，我们这个海域里的海獭数量又开始迅速增长了。

在堪察加半岛的岸边，我们看见了一些体型巨大的北海狮，它们几乎有海象那么大。但是，我们看过鲸鱼之后再来看这些野生动物，就觉得它们相比起来太小了。

现在是秋天，鲸鱼都离开我们，到热带的温水里去生活了。它们将在那里生养小鲸。明年，鲸鱼妈妈们将要带上它们的小鲸鱼游到我们这里来，游到太平洋和北冰洋的海域里来。至于这些吃奶的小鲸，它们的个头，甚至比两头水牛还要大呢。

在我们这里，小鲸鱼是不会被捕杀的。

这次无线电连通大集锦，到此结束。

下一次，也是最后一次连通，定于12月22日。

知识延伸

　　文章内容丰富，取材广泛，内容包含了苔原、沙漠、森林、草原、海洋、山峦的秋季景色和动物活动，作者用细腻灵动的笔触，使读者领略到了神奇大自然的鬼斧神工，激发了他们热爱大自然的情感。

森 林 报

NO.8
冬粮储存月
（秋季第二月）

10月21日到11月20日　　　　　太阳进入天蝎宫

一年——分为十二个章节
的太阳礼赞

十月，落叶纷飞，一片泥泞，寒冬渐渐拉开序幕。

阵阵西风刮过，坚守到最后的一批枯叶也被西风吹落。连绵的秋雨下个不停。一只浑身湿漉漉的乌鸦，寂寞而无聊地站在篱笆上，它也即将启程。在本地度夏的那些灰色乌鸦，早已安静地离开这里，飞往更暖和的地方；而现在飞来的是它们那些生长在更寒冷的北方的同类。原来乌鸦也是一种候鸟啊！北方的乌鸦和我们这里的秃鼻乌鸦一样，都是春天最早归来，秋天最后离开。

秋天给

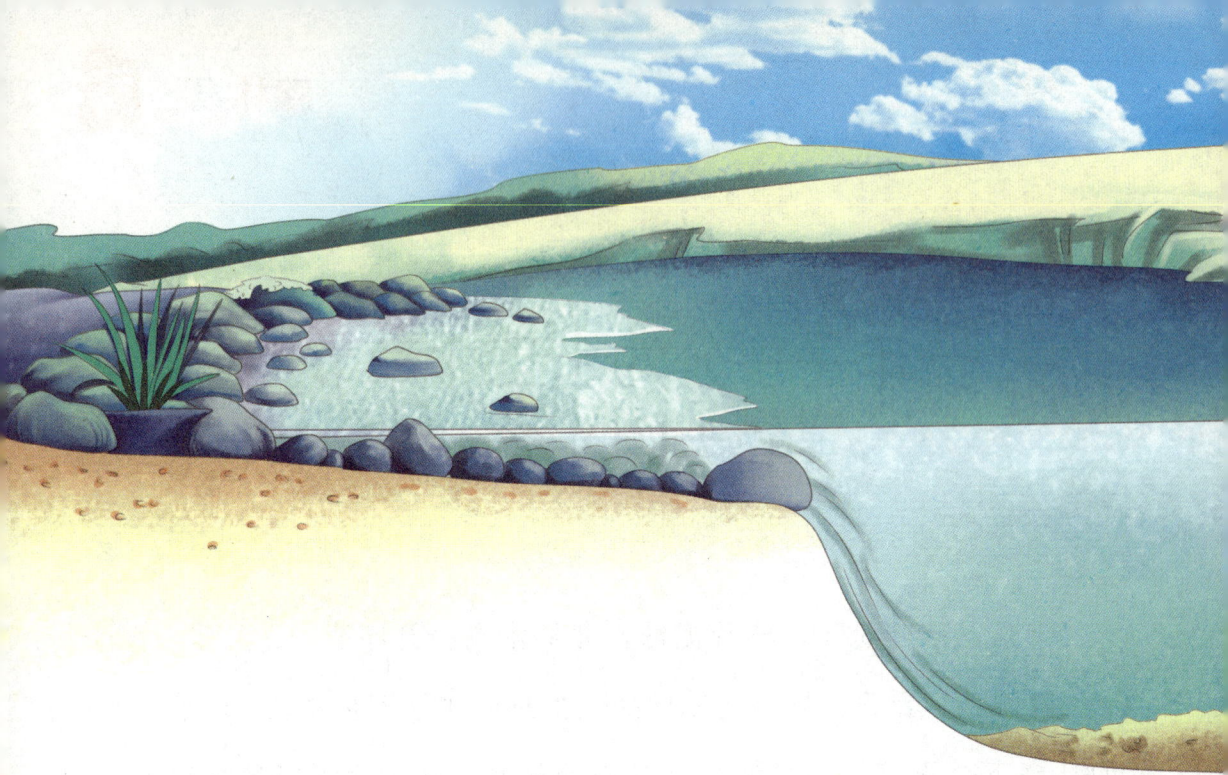

森林脱下衣裳，这是它要做的第一项工作。它要做的第二项工作是要让水一天天变凉变冷。越来越多的早晨，都可以看见水洼子被蒙上了一层薄脆脆的冰。水里也像空中一样，活跃的生命越来越少了。那些夏天把水面点缀得鲜艳美丽的花儿，如今也早已把自己的种子丢到了水底，把长长的花茎缩回到水下。鱼都游到了水底的深坑里，深坑里不结冰，它们准备在那儿过冬。

拖着长尾巴的、整个身子都十分柔软的蝾螈，在池塘里住了一个夏天，这会儿却从水里钻了出来，上了岸，在树根底下的苔藓里找到了适合它们过冬的地方。

不流动的水都被冻上了。

陆地上的那些冷血类动物，现在更觉得寒冷了。昆虫、老鼠、蜘蛛、蜈蚣，都早已没有了身影。蛇爬进温暖的窝里，盘

成一团，一动也不动。蛤蟆钻进淤泥里，蜥蜴爬到树墩下那些掉落的树皮里，安静地开始冬眠了。小动物们，有的穿好了厚厚的冬大衣，有的为仓库装满了储备粮，有的建造着防寒巢穴，他们都在忙碌地准备迎接冬天的降临！

萧索的秋季里，户外有七种天气：一会儿是蒙蒙细雨，一会儿是习习凉风，一会儿是风雨交加，一会儿是阴暗低沉，一会儿是狂风大作，一会儿是暴雨倾盆，一会儿是旋风扫荡。

知识延伸

瑟瑟西风吹落了最后一批残叶，寒冷的冬天临近，作者运用大量的环境描写来突出深秋的萧索，以及小动物们是如何做好了迎接冬天的准备的。

森林大事

做好准备，迎接寒冬

天气虽然还不算太糟糕，但也不能掉以轻心，毕竟寒流说来就来，一夜之间就会把大地和水全部冻结，到那时，哪里还找得到食物和温暖的安乐窝呢？

森林里所有的小动物都在忙活着准备迎接寒冬，真可谓是八仙过海，各显神通。

能飞的，已经飞往温暖的地方；留下来的，到处寻找食物，然后运进仓库。

看，短尾野鼠驮着粮食，正干得热火朝天！不少野鼠直接在草垛下或粮堆下挖过冬用的洞，以方便偷运粮食。

它们的每个洞穴都有好多通道，每个通道都留有出口，洞穴里有卧室，还有几个仓库。不到酷寒难耐，野鼠们不会休息，所以它们有大把的时间用来储备食物。有些野鼠的仓库里甚至都已堆积了几千颗饱满的谷粒。

这些小型啮齿类动物，最擅长从庄稼地里偷粮食，我们可要多加防备他们啊！

草苗过冬的办法

树木和多年生草本植物都早已做好了准备。一年生草本植物们应对寒冬，各有奇招：有的把种子埋入土壤，有的用苗芽过冬法。不少一年生野草，在松过土的菜园里吐露新芽。比如荠菜，在光秃秃的黑土地上露出一簇簇锯齿状的叶片，还有酷似荨麻的紫红色野芝麻、娇小玲珑的香母草、三色堇、犁头菜，以及让人讨厌的繁缕。

顽强的幼苗们一般都能活过寒冬，一直到来年秋天。

植物家族各显身手

在枝杈繁多的椴树上，到处都是棕红色的斑点，这些斑点在皑皑白雪的映衬下格外引人注目。但它们可不是树叶，而是坚果上好似舌头一样的小翅膀，从头到尾，密密麻麻。

类似的还有桦树。看，那棵高大英俊的桦树上，挂满了大大小小的果实，它们像豆荚一样又细又长，一簇簇地摇荡着。

而最靓丽的要数山梨树了！直到现在，它身上还布满了一串串鲜艳欲滴、饱满溜圆的浆果，连小蘖（niè）枝上都是！

桃叶卫矛的果实们也不甘落后地争奇斗艳，如同一朵朵长有黄色雄蕊的玫瑰花一样。

90

还有一些乔木，入冬之前没赶得及落完种子。

快要干枯的荑荑花序还成群结队地挂在白桦树的枝杈上，花心里面躲藏着娇小可爱的翅果。

赤杨树黑溜溜的小果子也还黏糊着妈妈，没有离开。不过，白桦和赤杨身上的荑荑花序等春天一到，就会伸直腰杆儿，打开鳞片，释放出一粒粒小种子。

榛子树上也长有暗红色的荑荑花序，每根枝上有两对儿。不过已看不见榛子了。榛树妈妈做啥事都积极，早早地安排好了宝宝们，自己也做好了过冬的准备。

尼娜·巴甫洛娃

水老鼠的储藏室

短耳朵的水老鼠们夏天住在河边的别墅里，从别墅里面的地下室沿着长长的过道，可以一直通到水里去。

如今，它住在河边较远的草场上，那里有一间柔软舒适、让人惬意的冬日暖房，连着几条100多步甚至更长的通道。

卧室建在一个很大的草墩下，里面铺满了绵软、温暖的干草。

还有几条特制的走道，位于储藏室和卧室之间。

储藏室里秩序井然、有条不紊，摆满了水老鼠从田里和菜园偷来的五谷杂粮、豌豆、蚕豆、葱头、马铃薯等等，这些食物都被整整齐齐地摆放在那里。

松鼠的阳台

松鼠已经在树上挖好了几个圆圆的洞穴，并把其中一个用作仓库，在其中塞满了它从树林中采集来的各色球果和坚果。

此外，松鼠还采摘了好多蘑菇，比如袖蕈和白桦蕈，并把它们挂在松树枝上晾晒，这样的话到冬天松鼠外出活动时，就可以做干粮了。

有生命的储藏室

姬蜂为它的后代找到了一个非常奇妙的储藏室。姬蜂有能够快速扇动的翅膀，在向上弯曲的触须下，长着一对敏锐的眼睛。胸部和腹部之间是它的纤纤细腰，腹部的尾巴尖上，有一根缝衣针般细长锋利的尾针。

夏天，姬蜂会选中一只硕大肥胖的蝴蝶幼虫。它落到幼虫身上，把尾针刺入其体内，扎出一个小针眼，然后在里面产下一颗幼卵。

然后，姬蜂拍拍翅膀放心地离开了。受惊的蝴蝶幼虫恢复了常态，继续傻乎乎地啃树叶。秋天降临时，幼虫吐丝结茧，变

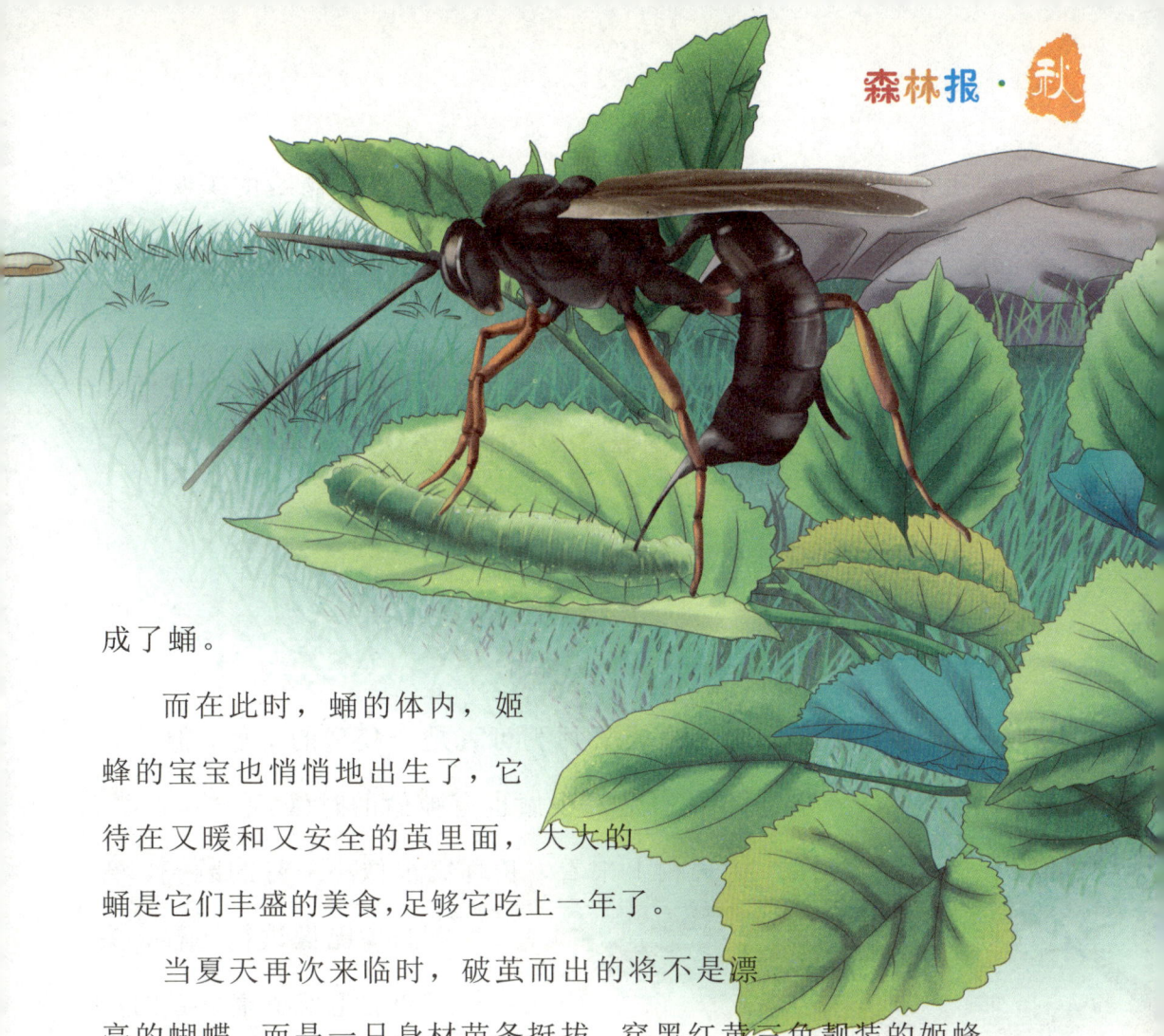

成了蛹。

而在此时，蛹的体内，姬蜂的宝宝也悄悄地出生了，它待在又暖和又安全的茧里面，大大的蛹是它们丰盛的美食，足够它吃上一年了。

当夏天再次来临时，破茧而出的将不是漂亮的蝴蝶，而是一只身材苗条挺拔、穿黑红黄三色靓装的姬蜂。姬蜂是人类的好朋友，因为它们帮忙消灭了害虫的幼虫。

便携式储藏室

有不少种类的小动物，不会特意给自己建造什么储藏室，因为它们随身就携带着储藏室。

在食物丰盛的秋天，它们一连几个月大吃大喝，把自己养得胖乎乎的，满身都是脂肪和肥肉，这就是它们储藏的美味。等冬天找不到食物时，这些厚厚的皮下脂肪将转化成养分，透过肠壁渗到血液中，被输送到全身各处。

冬眠的熊、獾、蝙蝠以及其他一些小动物，都是这样度过荒冬的。脂肪还可以用来御寒，使它们的身体保持温暖。

贼被贼偷

森林里的长耳鸮可真是个狡猾的小偷，但让人意想不到的是，小偷也有被偷的时候。

从长相上来看，长耳鸮很像小一号的雕鸮，弯弯的嘴巴像铁钩一样，头上的羽毛竖立着。它的一双大眼睛圆圆的，无论在多么漆黑的夜晚，都能看得一清二楚，听力也格外敏锐。

老鼠在枯叶下刚刚发出窸窸窣窣的微弱声音，长耳鸮就已经飞了过去，一把抓住了它；小兔子刚从林中的缝隙间跑过，只听"嗖"的一声，它还没回过神来，就已经被抓到了半空中。

长耳鸮把啄死的老鼠带回巢穴里，自己不吃，也不给别人享用的机会，因为它要留到冬天找不到食物时把它做干粮呢！

它白天就待在巢穴里，看守自己的仓库；而夜晚出去猎食。它还时不时地回去查看一下：仓库的东西还在吗？

长耳鸮有时候觉得仓库里少了东西，虽然它的数学学得不好，数不清一二三，但是它的眼睛很尖，能觉察出微小的变动。

有一天夜晚降临，长耳鸮又出去打猎。回来时发现储存的老鼠不见了，它只看到树洞底下爬着一只老鼠般大小的灰色动物，不知在忙活着什么。

它想像往常那样利索地抓住那只小兽，可小兽却"吱溜"一下钻过裂缝，衔着偷来的老鼠逃掉了。

这可气坏了长耳鸮，它敏捷地追去，眼看就要追上的时候却放弃了，它发现那可恶的小偷原来是一只凶猛的伶鼬。

伶鼬是个人见人怕的江洋大盗，个头不大但敏捷凶猛，它一点也不把长耳鸮放在眼里。要是长耳鸮不小心被它咬住胸脯，就休想再逃出它的魔爪。

夏天回来了吗

天气忽冷忽热。有时候一阵寒风吹来冰冷刺骨，有时候又会露出太阳，温暖宜人，好似夏天又回到了这里。

金灿灿的蒲公英和樱草花，从草丛里探出了可爱的小脑袋；蝴蝶在空中翩翩起舞；蚊虫成群结队，像一条轻舞飞扬的丝带一样，在空中盘旋打转。一只娇小玲珑的鹡鸰不知从何处飞来，翘着尾巴一展歌喉，歌声是那么嘹亮而又满怀热情。

从高大的云杉上，飘来尚未南飞的柳莺的曼妙歌声，歌声缠绵悱恻，那样的轻巧，又带着一丝忧郁的味道，好似雨滴落在湖面上。

这时的你，真的会把即将到来的冬天抛到九霄云外。

受惊的青蛙和小鱼

池塘里的水和小动物们都被冻住了。但是在一个暖和天里，冰又融化了，农民们趁机清理池塘，挖出淤泥并把它堆在岸上。

太阳热乎乎地晒着，泥堆散发出股股蒸气。突然，一个泥团跳了起来，满地打转。这是怎么回事？

有一个泥团从里面露出一条小尾巴，在地上蹦啊、跳啊，

"扑通"跳回了池水中！然后还有第二个、第三个，紧跟着如法炮制。

但还有一些小泥团，却只伸出几条小脚丫，跳离了池塘边。真是怪事！

哦！明白了！这些不是泥团，而是裹满淤泥的鲫鱼和青蛙！

它们钻进池底去过冬，却被农民连同淤泥一起挖了上来。阳光晒热了泥堆，它们渐渐苏醒，又欢快地蹦起来：鲫鱼重回水中，青蛙则去寻找一个更好的冬眠处，免得又被人稀里糊涂地挖出来。

醒来的青蛙们不约而同地都朝一个方向跳去——麦场和大路的那一头，那里有一个更大、更深的池塘。它们现在已经来到了大路上。

可惜，秋天的太阳说变脸就变脸。

太阳又躲进乌云里，并吹来阵阵刺骨的寒风。浑身赤裸的小家伙

们冷得哆哆嗦嗦，拼命挣扎也无济于事，一个接一个地倒了下去。血液凝固了，脚冻麻了，全身僵硬，没有丝毫活力。

小青蛙们再也没有力气前进了。

因为它们都被残忍地冻死了。

所有青蛙都面向大池塘的方向，而那里有暖和的淤泥。

胸脯火红的小鸟

夏天，我穿过森林时，听见草丛里有动静。开始时吓了一跳，但后来仔细一看，发现原来是一只小鸟被青草缠住了脚。它个头小巧，满身灰色，只有胸膛是红艳艳的。我满心欢喜，就把它带回了家。

我用面包屑喂养它。它填饱了肚皮，就高兴起来了。我还给它做了一个温暖的小窝，放进去一些美味的虫子。它在这里待

了一个秋天。

但是有一天，因为我外出时没有关好鸟笼，猫咪把它吃掉了。

我伤心地哭了，因为我太喜欢这只小鸟了，却没有保护好它。

《森林报》通讯员　奥斯大宁

我捉到一只可爱的小松鼠

松鼠是最勤快的一种小动物，它们夏天时采集好多干果，把它们留作冬天的干粮。我亲眼目睹过一只小松鼠，把从云杉上摘下的果子拖进洞里去，我便在这树上做了个记号。后来，我们砍倒了这棵树，捉住了小松鼠，它的窝里有好多干果呢！我把松鼠带回家，安置在笼子里。一个小男孩儿把手指伸进笼子里，被松鼠咬穿了，这小家伙可真是厉害啊！我喂了它很多云杉球果，它吃得津津有味，不过榛子和胡桃才是它的最爱。

《森林报》通讯员　斯米尔诺夫

我的小鸭

妈妈在一只母火鸡温暖的肚皮下放了三个鸭蛋。

三个多星期过去了，火鸡宝宝和鸭宝宝陆续出生了。它们还很虚弱，只能待在暖和的屋里。后来，小火鸡稍微长大了一些，跟着妈妈第一次到外面去。

我们家附近有条水沟。小鸭们一看到水就都跳了进去，游了起来。火鸡妈妈跑过来，着急地呼喊着它们，叫它们上来，直到发现小鸭子们天生就是游泳高手之后，才放心地走开了。

小鸭们玩了一会儿，觉得冷了，就都从水里爬上岸来，哆哆嗦嗦地叫唤着寻找取暖的地方。

我把它们捧在手里，用手帕盖起来送进屋里，它们马上安静下来。我就这样精心地呵护着它们。

每天早晨，一开家门，小鸭们就争先恐后地冲出门跳进河里，觉得冷了，就又急急忙忙地返回屋里。它们的翅膀还很稚嫩，飞不上台阶，就"嘎嘎"地叫着寻求帮助。家人刚把它们放到台阶上，三个小家伙刚进屋就径直奔向我的床边，伸长了脖子不停地叫唤。这时，我正在睡觉。妈妈只好把它们放到床上，它们钻进我的被窝，和我一起睡大觉。

秋天来了，它们长大了，我也进城读书去了。我的小鸭伙伴们非常思念我，难过得直叫喊。我听说这件事后也伤心地哭了。

《森林报》通讯员　薇拉·米赫耶娃

令人称奇的星鸦

我的家乡有一种乌鸦，个头比普通的灰色乌鸦小一点，浑身布满像星星一样的斑点，所以被称作星鸦，西伯利亚人也管它们叫星鸟。

星鸦把采集来的松子藏到树洞或者树根下，作为过冬的干粮。

冬天的时候，星鸦飞来飞去，到处都有备好的粮食。

那么，它们只吃自己储存的松子吗？不是的。它们享用可以找得到的任何伙伴的干粮。它们只要飞到一个陌生的地方，马上就能找到其他星鸦储藏的食物。

树洞里的粮食容易被发现，可它们是如何找到树根下和灌木丛里的粮食的呢？大雪过后，一切都被盖得严严实实，星鸦却能准确无误地拨开雪层，找到下面的松子。森林里有成千上万棵乔木和灌木，它们如何知道哪一棵下面藏着粮食？难道有什么记号吗？

对此，我们一无所知。

我们得找些好办法，彻底揭开谜底。

白桦树上的小喇叭

　　我发现了由一截白桦树皮卷成的一个小喇叭，它紧贴在树干上，样子奇特地让人很想去探个究竟。一定是有人在上端砍了几刀，下端砍了几刀，又随手揭起一长条桦树皮离开了。于是这揭口旁边的树皮就渐渐翻卷起来，慢慢卷成了一个喇叭形的树皮圆筒。这喇叭筒上下两头的口子往往是上大下小，干缩了以后，下头的筒口紧紧收拢封死了，而上边的圆口则朝天张开着。在白桦树林里，这种附着在树干上的喇叭筒时常可见，所以人们也就不会去特意留意它们。

　　可今天，我倒是要仔细端详端详，这样的喇叭筒里究竟有没有装什么东西。我在第一个卷筒里就发现了一个完好的核桃，它牢牢嵌在卷筒底部。我找了根木棒去拨动它，还拨不出来呢。周围没长核桃树呀。这颗核桃怎么会落进这卷筒里的呢？

"十有八九，是松鼠藏在这儿的，它在这里储存它的冬粮呢。"我脑子里这么思忖着，"松鼠知道，这树皮筒会越卷越紧，这样核桃就会被牢牢地卡夹在筒底，掉不下去。"可后来我又猜想，这应该不是松鼠的冬粮，而是特别爱吃核桃肉的鸟，将这颗核桃从松鼠窝里偷来，藏在这卷筒里的。

定睛端详着白桦树皮卷筒，我想探寻一下这核桃下边还有些什么，谁都想不到——竟是一只蜘蛛，在卷筒底部布满了它细细的柔丝。

摘自普里什文《白桦树上的小喇叭》

胆战心惊的小兔子

树上的叶子落完了，森林里一片光秃秃的。

一只小白兔躲在灌木丛下，它的身子紧贴着地面，两只眼睛东看看、西望望，心里怕得要命。四周不断传来窸窸窣窣的声响：是老鹰降落树枝扇动翅膀的声音吗？还是狐狸走近踩踏枯叶的声音呢？小兔身上的杂色已经褪尽，皮毛越来越白了，它多么盼望下一场大雪啊，这样它就不容易被发现了。可是现在，森林里五彩斑斓，到处都亮堂堂的，地上满是黄色、红色和棕色的落叶，它在这之中看上去多明显啊！

万一猎人来了可怎么办？

跳起来就跑！可是往哪儿跑呢？爪子踩在枯叶上发出铁片儿似的沙沙声，把自己都快吓晕了。

小白兔矮矮地趴在那里，藏在树墩上的青苔中，一动也不敢动，只眨巴着两只受惊的眼睛。

它真的好害怕啊！

巫婆的扫帚

现在，树叶掉完了，树枝都光溜溜的，可以清楚地看见原先被掩盖的东西了。比如远处那棵白桦树上面好似搭满了秃鼻乌鸦的窝，但走近细看，那些可不是什么鸟巢，而是一蓬蓬伸向四面八方的细树枝，它们就是传说中的"巫婆的扫帚"。

从记忆里随便挑选一个关于巫婆的童话故事吧：她们骑着扫帚飞来飞去，并沿途清扫掉留下的痕迹。她们从烟囱里飞出去，不管是什么样的女巫，都有自己专用的扫帚。她们在树木上涂抹神奇的药水，使那些树的枝杈上长出像扫帚似的一蓬蓬丑陋的细树枝。有趣的讲故事人就是这样告诉我们的。

这些当然仅仅是童话里的说法。事实上，从科学的角度来讲，这些细枝杈其实是生病了，这病是由某种特别的扁虱或者菌类引发的。榛子树上有种扁虱又小又轻，可以随风飞舞，飘得到处都是。扁虱落在树枝上，就钻进嫩芽里居住，这些嫩芽其实是带胚芽的茎，将来会长成树枝。尽管扁虱只吮吸嫩芽的汁液，但由于它们带来的咬伤和分泌物，嫩芽生病了。等到该发育的时候，嫩芽以正常速度的 6 倍开始成长，很快长成一根短短的细枝，细枝上又立刻长出侧枝。扁虱的后代再爬到侧枝上寄生，而侧枝上又长出无数侧枝。就这样不断地分杈再分杈，在原本仅有一个嫩芽的地方，就长出一蓬丑陋的"巫婆的扫帚"。

而当嫩芽不幸被诸如寄生菌的孢子等病菌感染时，也会出现

类似的情况。

这是树木的常见病，像赤杨、山毛榉、千金榆、槭树、松树、云杉、冷杉和其他各种乔木、灌木等，都可能长有"巫婆的扫帚"。

充满生命的纪念碑

现在正是植树的大好时节！

在这热火朝天的活动中，孩子们也不甘落后。他们小心翼翼地挖出还在冬眠的树苗，注意不触碰到树根，把它们栽到新的地方。春天一到，树苗睡醒了，就开始长出绿油油的叶子，给人们送去健康和喜悦。每一个栽过、

照料过树苗的孩子，哪怕只栽过一棵，都是给自己立了一座神奇的有生命的纪念碑——一座绿色的永恒的纪念碑！

孩子们还有更好的主意呢！他们在花园、菜园和校园里，种下一排排灌木和小树作为活篱笆。活篱笆被栽得密密实实的，可以阻挡尘土和大雪，还会吸引很多小鸟来这里安家。夏天的时候，鹊鸰、知更鸟、黄莺和其他一些鸣禽，都会飞来这里筑巢生养后代，它们还会热心地保护我们的花园和菜园，使其避免遭到害虫的侵扰，同时还能为我们送上一首首美妙动听的歌曲。

有些孩子夏天去过克里木，并带回来一种叫做列娃树的神奇灌木的种子。春天，这些埋进土里的种子将能长成一道道茂密、结实的篱笆，不过需要特意挂上"请勿碰触"的警示牌。因为这些活篱笆非常厉害，任何人都休想从它们这里穿过去，列娃树们会像刺猬那样扎人，会像猫爪那样挠人，还会像荨麻那样刺人。让我们拭目以待，看是哪种勇敢的鸟儿会看上这位严厉的守护人做自己的保护神。

知识延伸

本章的内容描写了植物为过冬做好的准备；小动物们将自己的食物储藏室打理得井井有条，以及人类的植树活动。作者用轻松活泼的语言，给我们展示了一幅十月份的森林全景。同时还留下"神奇的星鸦"的悬念，等待着读者去解开谜底。

候鸟离乡记

候鸟迁徙之谜

为什么候鸟飞往的方向不同——有些向南，有些向北，有些向西，有些向东呢？

为什么有许多鸟会一直等到结冰、下雪、食物断绝才离开我们，而雨燕等一些鸟儿却严格按着它们的时间表起飞，尽管那时还有充足的食物？

还有更让人不解的是，它们是怎么判定自己的飞行方向、越冬地点和飞行路线的呢？

我们观察到：在莫斯科或列宁格勒一带出生的鸟，却要飞到南非或印度去过冬。我国还有一种飞速很快的鸟叫小游隼，它竟会从西伯利亚一直飞到遥远的澳大利亚去。可在那里住不了多久又上路了——它们要在入春时节赶回西伯利亚。

原因并不那么简单

这一切看上去很好解释：它们既然长着翅膀，想往哪儿飞就往哪儿飞。这儿冷了，没有吃的了，那就飞到南边暖和一些的地方。如果那儿的天气也变冷了，就再往远一些的地方飞。遇到一个气候适宜、食物充裕的地方，就留下来过冬。

其实事情并不是这么简单。我们这里的朱雀是径直飞到印度的；而西伯利亚的游隼路经印度和几十个适于过冬的热带地区却不落脚，非要飞到澳大利亚去，这又是为了什么？

这就表明，我们这里的候鸟远徙，不仅仅因为饥饿和寒冷，而是出于鸟类本身一种莫名的、复杂的、强烈的、无法自制的感觉。

大家知道，在远古时代，我国的大部分地区曾屡屡受到冰河的侵袭。大片的平原逐渐被凶神恶煞的厚冰层覆盖，后来坚冰几番退去又重来（每个过程都会持续几百年），反反复复，使得地上的所有生物都惨遭灭绝。

鸟类却靠它的翅膀得以生存了下来。最早飞向未被封冻地区的鸟，占据了冰河边缘处的地面；后去的鸟依次飞得更远一些，这情景就像我们玩跳马游戏。冰河退去的时候，被冰河逼走的鸟儿们又重回故土。那些飞得不远的最先回来，飞得远一些的又依次回来，这又是一次跳马游戏，只不过游戏的方向颠倒了。

这种游戏进行得慢极了，"跳"上一次得用几千年！很可能鸟类就是在这漫长的时间里养成了一种习惯：在天气转冷的秋天就离开故居；在阳光和煦的春天到来时就重返故里。这种习惯已经成为一种自然习性保留了下来。所以，每到秋季候鸟就由北向南飞去。在地球上不曾有过冰河的地方就没有鸟类迁飞现象，由此现象可以印证以上判断。

其他可能的原因

可是，秋天离开家乡的鸟并不都是飞往温暖的南方，有些却飞向别的方向，甚至向更冷的北方飞去。

有一些鸟之所以离去，只是因为我们这里成了一片冰天雪地，没有了食物。而只要一出现化冻的地面，本地的白嘴鸦、椋鸟、云雀等飞禽就立刻返回。一些河流湖泊的水面刚一化冻，就

可以看到重归的鸥鸟和野鸭。

绵鸭是绝不肯留在坎达拉克沙自然保护区过冬的，因为附近的白海水域被厚厚的冰层覆盖。它们只得往北飞，因为北边一些水域有墨西哥湾暖流流过，可以终年不结冰。

隆冬时节，从莫斯科南行，到了乌克兰境内就可以看到白嘴鸦、云雀和椋鸟。我们认为只做短距离飞迁的山雀、灰雀和黄雀是留鸟，而白嘴鸦、云雀和椋鸟只不过飞得比这些留鸟稍远些。一年四季不挪窝的也只有城里的麻雀、寒鸦、鸽子和森林中、田野里的野鸡。其余的鸟都要飞迁，只是有的飞得近些，有的飞得远些。如此说来，怎样判定哪一种是真正的候鸟，哪一种是行迹不定的鸟呢？

比如说朱雀，很难把它定为行迹不定的鸟。又如黄雀，同种的灰雀飞迁的落脚点是印度，而黄雀则要飞到非洲去过冬。而且它们成为候鸟的原由似乎也与众不同，它们飞迁并不是由于冰河的来袭和退隐，而是另有原因。

你看那雌灰雀，它长得很像普通的麻雀，但头和胸脯鲜红。而黄雀的颜色更是出奇，它一身灿灿的金黄色，翅膀乌黑发亮。你不由得会心生疑问："这么漂亮光鲜的鸟儿会是我们北方本地的鸟类吗？莫非它是来自遥远热带的小客人？"

你的猜测确实很有道理。黄雀本来就是典型的非洲鸟，而灰雀属印度鸟。所以可能发生了这样的情况：这类鸟繁殖得过多了，那些年轻力壮的鸟就去寻找新的栖息

地并在那里生存下去，并繁衍后代。于是它们就向鸟群比较稀少的北方转移。夏天的北方并不冷，就连光秃秃的雏鸟也不会被冻坏。即使天气转凉了，食物变少了，也还可以重返故乡。而在故乡也有雏鸟出世，两群同类会和睦相处。到了春天，它们又可以回到北方。于是千万年间它们就这样飞来飞去地过日子！

迁飞的习惯就这样形成了。黄雀往北飞，经地中海飞到欧洲，而灰雀从印度往北飞，经阿尔泰山脉飞往西伯利亚，而后再向西，经乌拉尔再向前飞。

还有一种推断，认为迁飞习惯的形成是由于某些鸟类开发新栖息地的需求。比如灰雀，我们在近十几年来，眼看着它们的栖息地不断向西扩展，一直到了波罗的海岸边。而它们依然飞回故乡印度过冬。

这些关于鸟类迁飞缘由的推断都有一定的道理。不过其中的奥秘现在基本上还没有破解。

一只小杜鹃的简历

这只小杜鹃诞生在一个红胸鸲的家庭里，籍贯是我们泽列诺多尔斯克的一座花园。

你不必问，它怎么会独自出现在一棵老杉树根旁边的一个温馨的窠里。也不必问，它的养父母红胸鸲究竟付出了多少辛劳，才把这只比它们个头大三倍的贪吃鬼养育大。但有一件事值得一提。有一天，花园的主人走到它们的窠前，把已经长出羽毛的小杜鹃掏了出来，仔细地打量了一番之后又放了回去。这差点把红胸鸲夫妇吓死。这时的小杜鹃，在左翅上有一小片白羽毛。

小个头的红胸鸲夫妇，终于把自己的养子喂大了。可是养子出窝后还是一见到它们就张开红黄色的大嘴喊叫着要吃的。

十月初，园里的树木都变得光秃秃的，只有一棵橡树和两棵老槭树还没有落下碧绿的叶子。这时那只小杜鹃不见了，而那些成年的杜鹃早在一个月前，就全都从我们这一带的森林里飞走了。

这个冬天，这只小杜鹃和我们这里的其他的杜鹃一样是在南非度过的。到了夏天它们又回到我们这里的老家。

就在今年夏季，不久前的一天，园子的主人看到老云杉树上落着一只雄杜鹃。他担心它会破坏红胸鸲的窝，就用气枪把它打死了。

而在这只杜鹃的左翅上有一小片白羽毛。

尚未解开的候鸟之谜

我们关于候鸟飞迁缘由的推断也许是正确的。然而如下问题该如何解答呢？

一、候鸟飞迁的路程有时长达四千千米，它们是如何辨认路程的呢？

以前，人们认为，每一个飞迁的鸟群中都至少有一个识路的老鸟带领。而现在已经证实，当年夏天在我们这里出生的鸟群中没有一只老鸟。有些种类的鸟，年老的比年轻的还先飞走；但也有些种类的鸟，年老的比年轻的飞走的时间还晚。可是，不管谁先谁后，年轻的鸟都能如期到达过冬的地方。

这就奇怪了：即使是老鸟，它的大脑也就一点儿大，怎么能记住这么长距离的路程呢？就算老鸟能识途，而那些两三个月前才出生的小鸟，它们怎么认路呢？这实在让人觉得不可

思议!

就说我们坎列诺戈尔斯克的那只小杜鹃吧,它是怎么找到南非的过冬地的?所有的老杜鹃都在一个月前就飞走了,并没有为它带路的呀!再说,杜鹃是一种独来独往的鸟,从不结伴而行,就算是在迁飞时也不例外。小杜鹃是由红胸鸲抚养大的,而红胸鸲是飞到高加索过冬的。那么我们那只小杜鹃是怎么到达我们北方杜鹃世世代代的固定过冬地南非的呢?而且,它又是怎么重回红胸鸲把它孵化出来并哺育大的老家的呢?

二、年轻的鸟是怎么知道过冬地的方位的?

亲爱的《森林报》的读者们,也许你们能解开鸟类迁徙之谜,并给你们的后代留下满意的答案。

要想解答这些问题,首先不要用"本能"之类模棱两可的字眼去搪塞,要设计许许多多的实验,以彻底弄清鸟类的智慧与人究竟有什么区别。

知识延伸

本章结构清晰严谨,对"候鸟迁徙"这一课题作出大胆猜想,并举例证实,很有说服力;同时也给读者留出空间思考,并留下谜团,让读者深入地研究下去。

农家生活

在农庄里，已经听不到拖拉机的轰鸣声了，收割亚麻的活儿也快接近尾声，最后几辆运输亚麻的货车，已经陆续开往车站。

农民们三三两两地聚在一起，商量着如何使来年有更好的收成。正在人们操心来年播种什么品种的小麦时，选种站为大家培育出了黑麦和大麦的优良种子。田里的农活少了，农民们就开始忙活起家畜的事情了。

成群的牛羊和马被赶进各自的畜栏里。

田野里空荡荡

的。灰色的山鹑一群群飞到农户住处附近，甚至会在粮仓旁边过夜。

因为现在已经不适合打山鹑了，所以猎户们开始打兔子了。

昨日趣事

我们的养鸡场一到晚上就灯火通明，因为现在昼短夜长，所以必须借用灯光照明，好延长鸡群活动和进食的时间。

小家伙们开心极了！灯光一亮，它们就急不可耐地跳进炉灰里洗澡。有一只爱挑刺儿的大公鸡，正歪着好奇的小脑瓜，拿眼睛瞟着灯泡说："咯——咯——咯，你要是

再挂低一点就好了，我好啃你一口尝尝你是啥滋味儿。"

美味又营养

干草末儿是所有食物中最棒的调味品，它是用上乘的干草精心制作而成的。

要想让你的小猪娃们快快长大的话，就喂它们营养又美味的干草末儿吧！想让你的蛋鸡们多多产蛋吗？给它们享用干草末儿吧，保准每天都能听见"咯咯哒"的报喜歌。

苹果树换新衣

果园里，人们在忙着修剪苹果树，要把它们清理干净，打扮地漂亮一点！它们身上原本也只剩下灰绿色的苔藓这些装饰物了，而即使是这些仅存的装饰物，果农们也得把它们摘除掉，因为里面躲藏着很多害虫。然后，大家在靠下的树枝和下半截树干上涂满石灰，一是可以保护果树免遭害虫的侵扰，二是可以帮它们御寒保暖，三是可以起到防止烈日烧灼的效果。你看，苹果树们换上了洁白的裙子，多漂亮啊！

难怪队长笑眯眯地说："苹果树穿上了节日的盛装之后，我都想带着它们出去好好炫耀一番了！"

最受老人欢迎的蘑菇

黎明农场住着一位远近闻名的百岁老人——阿库丽娜老婆婆。我们的记者去采访她时，她正好外出采摘蘑菇了。回来时，她背着满满一袋子的洋口蘑。

她告诉我们："那些单独生长的矮个儿蘑菇，人们很难找到。我老眼昏花的就更难了。可是这种洋口蘑，喜欢成群结队地长在一起，常常是发现一个就能找到一群。而且它们还爱爬上树墩，站在显眼儿的地方。我呀，最爱这种蘑菇了，它们最受我们老年人的欢迎！"

赶在入冬前播种蔬菜

菜农们正在田里忙着播种莴苣、葱、胡萝卜和香芹菜，他们把种子埋进冷冰冰的土壤里。队长的孙女儿坚持说她听到了种子们针对此事的满肚子牢骚话，并翻译给我们听：

"现在折腾我们干吗呀？天气这么冷，我们怎么发芽呢？你们要是喜欢的话，就自己发去吧！"

其实，菜农们之所以此时才播种，就是因为种子在秋天已不可能发芽了。但春天一到，它们马上就能钻出土壤，而且很快就长大成熟了。如此看来，可以早点收获到莴苣、葱、胡萝卜和香芹菜，那不是很好吗？

尼娜·巴甫洛娃

农场植树周

全国各地都开始了热火朝天的植树周活动，苗圃里已经备好了充足的树苗。国内每个农场，都开辟了大片的果园，足有上千公顷。果农们将上万棵的苹果树、梨树和其他果树，栽到指定的位置上。

列宁格勒塔斯社

知识延伸

作者采取欲扬先抑、直接引用的写作手法，将养鸡场、修整苹果树、采蘑菇、冬前播种等人们熟悉的乡村生活描写得轻松活泼，令读者无限向往。

都市趣闻

动物园

动物园里的小动物们都从夏天凉爽的地方搬进了冬天温暖的住宅。它们的屋子里，火堆烧得旺旺的，又暖和又舒服，谁也没打算像野外的同类那样去冬眠。

园里的小鸟们也没飞走，工作人员仅在一天之内，就为它们备好了温暖的鸟巢。

奇怪的小飞机

这些天，城市上空总盘旋着一些令人好奇的小飞机。

人们站在街边扬起头，好奇地望着这些小飞机在悠闲地转圈子。他们叽叽喳喳地议论着：

"看清楚没？"

"看清了，看清了！"

"奇怪，怎么听不到螺旋桨转动的轰轰声啊？"

"可能是因为飞得太高了吧？你瞧，它们看上去多小啊！"

"但它们飞低的时候我也没听见轰轰声啊！"

"究竟怎么回事啊？"

"其实它们根本就没有螺旋桨！"

"难道是新研发的飞机？什么型号的啊？"

"哈哈！它们是一群大雕！"

"开玩笑！列宁格勒怎么会有雕呢？"

"是真的！这是一种金雕，正在向南迁徙呢！"

"原来是这样啊！我再细看看，嗯——，确实是盘旋飞着的大鸟！你要是不说穿，我还真以为是飞机呢。太像了！它们哪怕拍一下翅膀，我也能分清啊！"

郊外观赏野鸭去

最近几个星期，涅瓦河上的斯密特中尉桥附近，以及彼得罗巴甫洛夫斯克要塞旁边和其他一些地方，常常飞来很多五彩斑斓、形态各异的野鸭。

有乌鸦一般漆黑的鸥海番鸭；有长着弯弯的嘴巴，翅膀上点缀着片片白斑的斑脸海番鸭；有毛色繁杂多样，拖着一个小棒槌似的尾巴的长尾鸭；还有穿着黑白相间礼服的鹊鸭！

都市传来的喧闹声，它们一点都不放在眼里。

甚至当蒸汽拖轮切开河水，卷起浪花的时候；当拖轮的铁制船头向它们直直冲去的时候，它们也不害怕。它们只是往水里一钻，然后在离开原处十来米的地方"哗啦"一下钻出水面。

这些游来游去的小家伙们，是海上航行的常客，它们每年春、秋都会来我们这里拜访一次。

而当拉多牙湖里的冰块漂流到涅瓦河里的时候，它们就飞走了。

鳗鱼的死亡之旅

秋伯伯踏过了大地，终于也来到水底。

水变得越来越冰冷。

老鳗鱼即将踏上死亡之旅。

它们从涅瓦河出发，一路穿越芬兰湾、波罗的海和北海，游到大西洋的深海中去。

它们在淡水河里住了一辈子，这一走，没有一条能重回故里，全部都将在几千米的深海中，静悄悄地结束自己的生命。

在离开世界之前，它们要完成生育后代的这最后一项重任。海洋深处不太冷，大概 7 摄氏度左右。老鳗鱼们产在这里的鱼卵，最后都会孵化出小鳗鱼。鳗鱼宝宝们通体透亮，好似玻璃一般。它们会成群结队地踏上回家的长途旅程，三年后，就会回到父辈们曾经生活过的涅瓦河中。

在这里，它们快乐地生活着，直到长大成熟。

跑进家里的松鼠

我们家的房子紧挨着森林。

一只松鼠跑进我们家来，很快同我们混熟了。它成天满屋子乱跑，在橱柜和架子上乱跳。它的动作灵活得惊人，可从来没碰掉过一样我们家的摆设。

爸爸的书房里，挂着一副从森林里捡来的大鹿角。松鼠常常爬到鹿角上蹲着，就像蹲在树枝上似的。

它因为特别爱吃甜食，所以经常跳到我们的肩膀上要糖吃。有一回，它自己钻进橱子里去偷了方糖，妈妈不知道是松鼠干的，还特意问我：是谁偷吃了方糖？

有一天午餐后，我正坐在餐厅的沙发

上看书，忽然看见松鼠跳上餐桌，叼起一块面包皮，一跳，就跳到了柜子顶上。过了一分钟，它又来叼走了一块面包皮。

我想，松鼠把面包皮都叼到哪儿去了呢？

我搬了一把椅子到大柜子跟前，然后爬上去，朝柜顶上一瞧，那儿搁着一顶妈妈的帽子。我拿起那帽子，不由得大吃一惊：那帽子下面什么都有！有方糖，也有纸包糖，还有面包皮和各种各样的小骨头……

我马上把我的发现告诉爸爸，说："原来松鼠是我们家里的小偷！"

爸爸哈哈大笑，说："我怎么早没想到呢！你要知道，咱们家的松鼠这是在贮备冬粮呢。森林里的松鼠一到秋天就要开始储备冬粮，这是松鼠的天性。我们家的松鼠有吃的，可它还是要

同森林里的松鼠一样贮备冬粮。"

爸爸在餐柜门上装了个小钩子，让松鼠再也钻不进去偷糖块。但是松鼠依旧千方百计储存冬粮，一见面包皮、榛子、核桃、小骨头什么的，就立即叼了去，贮藏起来。

后来有一天，我们到林子里去采蘑菇，很晚才回家，感觉累得不行，随便吃了点东西就睡了。满满一篮子蘑菇就被不经意地搁在了窗台上，因为那儿比较凉快，放一夜坏不了。

我们第二天早晨起来一看，蘑菇篮里空荡荡的。

蘑菇都上哪儿去了呢？

忽然，爸爸在书房里惊叫起来，喊我们过去。我们跑过去一看，只见挂在墙上的那副鹿角上晾满了蘑菇。不仅鹿角上，还有搭手巾的架子上、镜子后面、油画上面，到处都是蘑菇。原来是松鼠起了个大早，忙活了整整一个清晨，把蘑菇全晾上了，想晾干了留着自己过冬吃。

秋天，当阳光还温暖地照耀着大地的时候，森林里的松鼠总是把蘑菇高高地挂在树枝上晾干。而我们家的松鼠也这样做了。

它是预感到冬天将要来到了！

过了些日子，天气真的冷了起来。松鼠躲到暖和些的角落里去藏身。再接着就干脆不见了它的踪影。我们都感到心里空落落的。

因为天太冷了，我们非生上炉子不可了。于是我们关上通风口，放上些柴，点着了火。这时，忽然听得炉子里有什么东西沙沙直响。我们急忙把通风口打开，只见松鼠像一粒枪弹似的从里头弹了出来，跳到柜子上。

炉子里的烟呼呼直往屋子里冒，而烟囱口却不见一丝儿烟。这是怎么回事？哥哥用粗铁丝做了个大钩子，把钩子从通风口伸进烟囱里去，想看看烟囱让什么给堵住了。

结果，哥哥从烟囱里掏出一只手套，还有奶奶过节时才舍得戴的头巾。

原来，我们家的松鼠把这些东西叼到烟囱里给自己垫窝去了。我们这才又想起它毕竟是从森林里来的，天性就是这样。跟它说同人住在一个屋子里，是冷不着它的，没有用！

摘自斯克列比茨基《驯服的和野生的》

知识延伸

季节变化同样影响着城市，它们送走了老鳗鱼，迎来了野鸭子，迁徙的雕也会偶尔落在这里休息一下。在最后一部分中，作者用轻松活泼的语言描写了一只调皮的小松鼠，不仅生动有趣，而且耐人寻味。

林中狩猎

秋 猎

　　秋天的一个清新的早晨，一个猎人扛着枪来到郊外。他牵着两条用短皮带拴在一起的猎狗。这两条狗很壮实，前胸宽大，黑色的皮毛上都带有棕黄色的斑点。他走到林子旁，解下拴狗的皮带，它们去寻找猎物。两只猎狗一自由就马上蹿进了灌木丛。

　　猎人悄悄地擦着林边向前走，选择的是野兽经常走的小

路。他在灌木丛对面的一个树墩后停了下来，而那里有一条隐隐约约的林间小路一直通向下面的山谷。他还没有站稳，就听到狗叫的声音。这说明猎狗已寻到野兽的踪迹。首先叫起来的是老猎狗多贝瓦伊，它的叫声低沉而喑哑。跟着叫的是年轻的猎狗扎利瓦伊。

根据狗的叫声，猎人知道两只猎狗轰起了一只兔子，它们现在正一路嗅着被秋雨淋得满是黑泥浆的地面，追踪兔子。

猎犬与猎人的距离时远时近，因为兔子在不停地兜圈子跑。狗吠声又近了，猎狗正赶着兔子向猎人这边跑来。哎呀，快开枪！然而很可惜，猎人没能抓住时机⋯⋯

于是两条狗继续在山谷里追赶兔子。

哼，兔崽子，你跑不了，我的狗还会把你追回来的。多贝瓦

伊是一只训练有素、不会轻易放弃的优秀猎狗，只要发现了猎物的踪迹，就一定会一追到底！

它们追啊追，只见又兜了个圈子，追进了林子里。猎人心想："兔子肯定还会跑到这条小路上的。这次我不会再像上次一样错失良机了！"

突然间没了动静……后来，只听见两只猎狗一个在这边叫，一个在那边叫。这是怎么回事？不一会儿，带头的老猎狗多贝瓦伊不叫了，只有扎利瓦伊在叫。又过了一会儿，扎利瓦伊也不叫了。猎人疑惑了。

不一会儿，又传来多贝瓦伊的叫声。不过它的叫声与刚才不同，带着亢奋的暗哑。这时，扎利瓦伊也上气不接下气地跟着尖叫起来。原来，它们发现了另一只野兽的踪迹！红色的皮毛

在草丛里时隐时现。这是什么野兽？反正不是兔子。

猎人急忙换上了大号的霰弹。一只兔子蹿过小路，跳到了田野上。猎人看见了它，但没有举枪。

猎狗把猎物追得越来越近。它们不停地叫着，一只发出的是嘶哑的怒吼，而一只发出的是疯狂的尖叫……突然间，灌木丛中蹿出了一只野兽，它有着火红的脊背和雪白的胸脯，这家伙冲上了刚才兔子蹿过的那条小路，径直向猎人跑来。猎人举起了枪。那家伙发现了猎人，急得直甩它那蓬松的尾巴。只可惜已经晚了！"砰！"这只狐狸应声向上一蹿，然后直挺挺地跌到地上。

猎狗从林子里跑了出来，向狐狸扑去。它们用牙咬住火红色的毛皮，撕扯着，眼看就要扯破毛皮了！

"放开！"猎人厉声呵斥着猎狗跑了过去，赶忙从狗嘴里夺出了宝贵的猎物。

地底下的生死搏斗

有个著名的獾洞，就在离我们村子不远的森林里。这个獾洞已经存在好多年了，虽然我们还把它称作"洞"，但实际上按现在的标准，早就不能叫做"洞"了。准确地说，这是座被一代又一代的獾挖通了的山冈，也可以说是完全属于獾的地铁站。

瑟索伊奇带我去看了那个"洞"。我仔仔细细地观察了这个山冈，惊奇地发现了 63 个洞口，然而这还不算那些藏在山冈下面的灌木丛中的暗洞。

明眼人一眼就可以看出，在这宽敞的地下隐藏所里生活着的，肯定不仅仅只有獾，就在几个入口的地方，我们可以看到蠕动着的成堆的甲虫，里面有食尸虫、推粪虫和埋葬虫。而让它们正在忙碌地蠕动的对象，有家鸡骨头、松鸡骨头和山鸡骨头，还有长长的兔子脊椎骨等等。獾是不吃鸡和兔子的！再者，不管什么时候，獾都不会把吃剩的食物或者其他脏东西随便丢在洞口或附近的，因为它们很爱整洁。

从这几种鸡、兔子和野禽的骨头，我们可以断定，这附近还住着一个狐狸家族，而且就住在獾的眼皮底下。

有一些洞被挖坏了，成了真正的壕沟。

瑟索伊奇告诉我："我们的猎人，花费了很多力气在这里挖洞，但是最终一无所获，怎么挖也挖不出獾或者狐狸来，不知道它们都逃到哪里去了，令人费解啊！"

冥思苦想了半天，他想出了一个新的办法：

"獾和狐狸都是怕烟熏的。我们不妨就用烟把它们'请'出来！"

第二天一大早，我和瑟索伊奇，还有一个小伙子往山冈上走去。瑟索伊奇和那个小伙子很熟，一路上两个人不停地开玩笑，一会儿说小伙子是烧锅炉的，一会儿又说他是大厨师。

我们在山冈下面只保

留了一个洞口，而在山冈上面留了两个：一共只保留了三个洞口。我们忙活了好一阵子，终于把地洞的其他出口都堵上了。我们找来一大堆松枝和云杉枝，这些当然都是干燥的枯树枝，然后堆放在山冈下面那个入口的地方。

"烧锅炉的"在下面的洞口点着了枯树枝，一会儿就冒出了浓烟。他不愧是烧锅炉的，那些浓烟就像从烟囱里冲出来似的，吹进地洞里去了。而我和瑟索伊奇则都躲藏在上面两个洞口旁边的小灌木丛里，一人盯着其中一个洞口。

在埋伏的地方，我们两个射击手焦急地等待着，等待着浓烟从上面两个洞口冒出来。有可能向来狡猾的狐狸会提前逃蹿出来吧？或者，蹿出来的是那只又懒又笨的大肥獾？这一会儿，在那地下世界里，它们的眼睛是不是早已被浓烟熏出了眼泪？

令人感到意外的是，山冈内部的野兽的忍耐力真是超强！因为我看见已经有烟升到瑟索伊奇面前的灌木丛后面了，也弥漫到了我这边，却还没有动物从洞口蹿出来。

过不了多久，地底下的野兽就要打着喷嚏和响鼻蹿出来了，肯定有好几只，它们一只一只不断地跳出来。枪就端在我们的肩膀上，千万不可以让那些身手敏捷的狐狸逃脱！

烟愈来愈浓了，不断翻滚着往外冒出来，弥漫到灌木丛这边了，我的眼睛流出眼泪来了，已经有点儿睁不开了。一定要加倍小心，可不能让野兽在你抹眼泪、眨眼皮的片刻逃跑了！

可是，还是没有野兽蹿出来。

我不得不把枪放下一会儿，因为托了大半天的枪，我的手和胳膊已经有点儿酸麻了。我们等啊等，"烧锅炉的"不停地往火堆里添加着枯树枝，但是，到最后我们都没有等到一只野兽。太令人失望了，一只野兽也没有冒出来！

在返回村子的路上，瑟索伊奇分析着："你不要以为它们被熏死在下面了，哥们，没有，绝对没有！因为烟在地洞里面是往上弥漫的，如果它们钻到了地下深处，钻到了比我们下面那个洞口还要低得多的位置，那么，刚才的浓烟是奈何不了它们的。那么只有天才知道它们那个洞挖到什么深度了！"

很显然，瑟索伊奇很不甘心这次的失败。于是我给他们讲了一个凫提的故事，既是为了安慰他，也是为了安慰我和"烧锅炉"的小伙子。故事中的凫提是种猎狗，凶猛得不得了，甚至可以钻到地洞里面去捉拿狐狸和獾。听了故事以后，瑟索伊奇突然兴奋起来，他给我下达了一个任务，让我一定弄一只凫提给他，并特别叮嘱我，无论如何，不管用什么办法，一定要弄到！

最后我只好先答应他，说我可以想想办法。

这件事过去后不久，我就去城里了。真想不到，我的运气很好，有一位熟悉的老猎人，答应把他那只心爱的凫提借给我用。

可是，当我回到村子里，把小狗带去交给瑟索伊奇的时候，他却对我极度不满，他说："你这是怎么回事？你是在嘲笑我吗？就这只小老鼠，先别说老公狐，即使是狐狸幼崽，也能咬死它再把它吐出来！"

瑟索伊奇对小个子的人很不满意，所以即使是小个子的狗，他也毫不掩饰他的蔑视。可能是因为他本身就是小个子，而他本人又很自卑的缘故吧。

你还别说，凫提的外貌还真是毫不起眼：又矮小又瘦弱，小腿儿也不那么周正，身子显得很单薄。但是，当瑟索伊奇大大咧咧地伸出手去靠近它的时候，这只其貌不扬的小狗，竟然龇出凶狠的牙齿，恶狠狠地低噚一声，迅猛地向他直扑过去。瑟索伊奇只好急忙闪到一边，惊叹道："真凶啊！这个畜生！"他已经开始对这只凫提刮目相看了。

我们还没完全走到山冈跟前，凫提就愤怒地往兽洞冲去，这使我措手不及，差一点儿手就脱臼

了。我刚刚把它脖子上的皮带解开，它就往黑糊糊的洞口奔去，转眼就不见了踪影。

人们根据自己的需要，驯养出好多奇怪的狗类。凫提，这种小个头儿的地下猎狗，应该算是其中最奇怪的一种。就像貂似的，它整个身子又瘦又细，再没有比它更适合钻洞捕捉猎物的猎狗了。它那看起来不太周正的爪子不但能使劲儿蹬着地，还善于挖泥土；它那又窄又长的嘴巴，一旦咬住猎物，可是到死也不松开的。我们站在兽洞上面，焦急地等待着，等待着有教养的猎狗和林中野兽在这黑漆漆的地下洞窟里残酷厮杀的结果。万一，这只凫提不能活着走出这个兽洞我可是对不住它的主人了，我会没脸再去见他的。

地底下，小狗正在追逐着猎物。即使是隔着厚厚的一层泥土，我们还是能够清晰地听到狗的吠叫声。但是，这个叫声好像不是从我们的脚底下传出来的，反而像是从很远的地方传来的。

就在这时，狗叫声愈来愈近，听得越来越清楚，我们可以听出声音当中的嘶哑。近了，更近了……但是，这个声音突然又远去了。

站在山冈上的瑟索伊奇和我，手里紧握着猎枪，握得手指头都有点儿痛了。但是这个时候，枪是派不上用场的。因为狗叫声忽这儿忽那儿，从这个洞口出来，又从那个洞口传出来，接着又跑到第三个洞口……

忽然，狗叫声停止了。

我知道是为什么：小凫提已经在黑漆漆的洞里追上了野兽，正在和它厮杀决斗呢！

直到这个时候，我才突然想到，一般猎人是这么带着猎狗打猎的：手里不能少了一把铁锹，每当猎狗在地底下一跟敌人厮杀的时候，就赶忙去挖它们上头的土层，以防情况不妙时，我们可以帮助猎狗。这一点，我早就应该想到的啊，特别是搏斗就在离地面一米左右的地方进行着的时候，我们完全可以这么做。可是，我转念一想，这样子的一个深洞，这样一个就连用浓烟都不能把野兽熏出来的深洞，即使我们手里有铁锹，也是用处不大的。

我现在一筹莫展了。地底下很可能有不止一只的野兽在和凫提厮杀，如果这样的话这只小狗在这个深洞里是必死无疑的！

就在这时，狗叫声又从地底下微弱地传出来了。但是，还没等我来得及松口气，叫声又停止了。战斗可能已经结束了！在这只英勇凫提的坟墓跟前，我和瑟索伊奇默立了好一会儿。

我始终下不了离去的决心。这时瑟索伊奇感慨地说："哥们，看来我们确实是做了件蠢事儿！看来小狗确实是被獾或者老狐狸杀死了！"

又过了一会儿，瑟索伊奇黯然地说："老伙计，我们走吧。或者我们再稍微等等？"

突然，一种窸窸窣窣的声音又从地底下传了过来。这可是完全出乎我们的意料的。

黑黑的尖尖的尾巴从兽洞里露了出来，接着露出来两条弯弯的后腿和细长的身子，身子上面满是泥土和血迹，凫提吃力地挪动着。我欣喜地跑过去，抓住它的身子，帮它往外挪动。

一只大个头儿的老獾，也紧随着小狗从黑漆漆的兽洞里来到了我们跟前，老獾一动也不动。虽然它早就死掉了，但是凫提还是死命地咬住它的脖子，不停地甩动着，大概是在向我们炫耀它的战果吧。

《森林报》 特约通讯员

知识延伸

文章用生动活泼的语言讲述了两个不同的打猎故事，情节一波三折，对猎人的心理描写得生动细致，营造出一种紧张忐忑地氛围。

森 林 报

NO.9
冬 客 上 门 月
（秋季第三月）

11月21日到12月20日　　　　　　太阳进入射手宫

一年——分为十二个章节
的太阳礼赞

十一月是半秋半冬的时节。

十一月是九月之孙，十月之子，十二月之兄。

十一月打造冰冷的铁钉，十二月铺设严寒的铁桥。十一月骑着斑纹马儿跑过：地面上，一道烂泥，一道白雪，井然有序。十一月的工厂规模不大，但产量惊人，它生产出的成堆的铁钉和锁链，把全俄罗斯的池塘和湖泊都给冻上了。

秋伯伯开始忙活三件事：剥掉森林仅存的最后一点衣服；用枷锁把所有的水封冻结实；给大地铺上厚厚的雪棉被。森林里一片凄凉的景象：树木都是光秃秃、黑乎乎的，而且浑身都是湿漉漉的；水面上的冰层晶莹闪亮，煞是好看，但你要是踩上一脚的话，它就生气地"咔嚓"一叫，张开大嘴巴，然后把你吞进肚子里；农耕地里的庄稼们，盖着厚厚的雪被，悄无声息地冬眠着。

不过，现在还不算是真正的冬天，而只是一个序曲。阴沉几天之后，又会露出温暖的太阳。万物一见到阳光都会喜笑颜开。成群的黑色蚊虫钻出自己树根下的窝，在天上翩翩起舞；一片片金黄色的蒲公英和款冬花，抓住时机吐露芬芳，它们可是在春天才能看见的花儿啊！雪也悄悄融化了……但森林已经沉沉睡去，而且一直到明年春天才会苏醒。

伐木季节来到了。

知识延伸

作者运用大量比喻、拟人的修辞手法，将一幅十一月森林图展现在读者面前，河面冰冻，万物凋零。但是当温暖的太阳升起时，森林里又是一幅生机勃勃的景象。

森林大事

奇妙的现象

今天，我扒开雪堆，查看那些一年生的草本植物。它们是一种只能活过一个春、夏、秋、冬的草。

可是，今年秋天它们并没有全部死掉。尽管已是十一月份了，但还有不少都长着绿叶子呢！比如雀稗这种农村常见的草，它们生在房前屋后，茎叶横七竖八地纠缠在一起，甚至铺满了地面，人们常在上面蹭鞋底儿，它长着细长的绿叶和不起眼的粉红色小花。

活着的还有低矮多刺儿的荨麻。夏天的时候，大家都很讨厌它，因为除草时，双手会被它们戳出很多小水泡，又麻又疼。然而，在这寒冷的十一月里，它显得那么活力旺盛，让人看了就心情舒畅！

蓝堇也还活着呢！还记得它吗？它是一种漂亮的小草，小叶片稍稍散开，开着细长粉嫩的小花儿，花尖儿是深红色的。菜园里处处都有它的身影。

这些小草现在都还充满了生命力，但我心里明白，一到来年春天，它们就都枯萎了，那现在何苦雪下求生呢？这种奇妙的现象，该如何解释？我得好好为此咨询一下。

尼娜·巴甫洛娃

森林并非一片沉寂

冷酷的寒风在林间横冲直撞，光溜溜的白桦树、白杨树和赤杨树，被撞得七倒八歪、怨声载道。最后一批候鸟也即将踏上行程。

我们本地的候鸟还没走完，外地的客人却已经到达。

真是萝卜白菜，各有所爱。鸟儿们有的喜欢飞往高加索、外高加索、意大利、埃及和印度去过冬，有的却喜欢飞来我们这里。冬天，它们在这里把自己喂得饱饱的，养得胖乎乎的，小日子过得滋润着呢！

花瓣之舞

在沼泽地上，赤杨树的枝杈，黑漆漆地伸向四面八方，显得丑陋而怪异。树上没有了一片叶子，地上没有了一根小草，只有无精打采的太阳漫不经心地踱出乌云，洒下微弱的阳光。

忽然，天空中飘来成团成团的花瓣，它们五颜六色——白色的、红色的、绿色的、金黄色的，花瓣越过乌黑的沼泽地，在阳光的照耀下漫天起舞。有的落在赤杨树的枝杈上，有的趴在桦树白色的树皮上，有的则降落在地面，还有的在风中扇动亮丽的翅膀，每一片都闪烁着炫目的五彩之光。

它们吹起芦笛一样的口哨，礼貌地相互问候，飘过一棵棵

148

大树，飞过一片片丛林。它们是什么呢？又来自何方呢？

北方来客

冬天，很多鸣禽会从遥远的北方飞来我们这里做客。看，有胸脯和小脑袋都是鲜红色的朱顶雀；有些是灰不溜秋的太平鸟——它们的翅膀上有5道红羽毛，像是向上撑开的5根手指，它们的头上有一簇冠毛；深红色羽毛的是松雀；绿色的雌交嘴鸟与红色的雄交嘴鸟成双成对；金绿色的是黄雀；金灿灿的是小金翅雀；肥嘟嘟的灰雀，胸上长着艳丽的红色羽毛，煞是好看。我们当地的很多鸟类，都早已启程飞往更温暖的南方去过冬，而以上所说的这些小鸟，都生长在北方。北方的冬天比我们这里更寒冷，所以它们选择到我们这里来过冬。

黄雀和朱顶雀爱吃赤杨树和白桦树上结的种子。太平鸟和灰雀喜欢山梨和其他浆果。交嘴鸟喜爱的美食是松子和云杉子。这里食物充足，它们可以把自己喂得圆鼓鼓的。

东方来客

低矮的柳树丛中，飞来一群可爱的小生灵，远远看去，它们好似朵朵美丽的白玫瑰花。它们欢快地穿梭在灌木丛中，一会儿飞到东，一会儿又飞到西，用黑色的细长小爪子，这里挠挠，那里扒扒。然后继续忽闪着花瓣样的小翅膀，一边轻舞飞扬，一边浅吟低唱。

它们就是可爱的白山雀。

它们来自东方而非北方，它们从那风雪交加，天寒地冻的西伯利亚出发，越过山脉起伏、重峦叠嶂的乌拉尔地区，一路远行来到我们这里。它们的故乡，早已是严寒的冬季，那里狂风肆虐，大雪纷飞，掩盖了高高低低的丛林。

冬眠时间到了

厚厚的乌云严严实实地捂住了太阳，天空飘着灰突突、湿漉漉的雪花。

一只胖乎乎的獾气喘吁吁地，一瘸一拐地向洞穴走去。森林里到处都是湿乎乎的泥巴，让它很心烦。是时候钻到地下那干燥而又舒服的沙土窝里去了，是时候该冬眠了，好好地睡上一大觉吧。

林中有一种羽毛蓬松的乌鸦叫做噪鸦，它们成群地在树枝上又打又闹，扯开大嗓门叫喊着。它们咖啡色的羽毛被雨水打湿了，亮闪闪的。

一只老乌鸦在树顶上"哇"地一声嘶叫，原来它望见远处有

什么动物的尸体，

然后就拍拍乌黑

发亮的翅膀飞了过去。

森林里一片寂静。漫天飞舞的雪花，沉沉地落在黑乎乎的树枝上和褐色的土地上。湿漉漉的落叶在慢慢腐烂。

雪花越飘越大，现在已成了鹅毛大雪，给树林和大地都穿上了一层厚实的棉衣。

我们这里的沃尔霍夫河、斯维尔河和涅瓦河，经不起严寒的阵阵袭击，都已经陆续被冻结了。最后，连芬兰湾里也结了厚厚的冰层。

最后一次飞翔

十一月即将结束了。大地被一片白茫茫的积雪覆盖，天气偶尔会变暖和一些，但不足以使冰雪融化。

早晨我到外面去散步，看见雪地上、灌木丛中和树木间的大路上，都飞舞着黑色的小蚊虫。它们有气无力地从一棵矮树飞起来，飞成一个半圆圈，然后侧着身子落在雪地上。

中午过后，雪开始慢慢融化。树枝上不时落下一团一团的雪，抬头的时候，雪水就会滴到眼睛上，有时候积雪会被风吹落到脸上，又湿又冷。这个时候，不知又从哪儿飞来成片的黑色小蝇虫。它们兴致勃勃地飞来飞去，紧挨着雪地，飞得很低很低。而这些小蚊虫和小蝇子，在夏天时我从未见过。

傍晚时分，温度又降了下来，那些小虫子又不知躲到什么地方去了。

《森林报》通讯员　维利卡

松鼠逃命记

不少外地的松鼠搬来我们这里的森林来居住。

因为在它们北方老家，今年是个饥荒年，松鼠们找不到充足的食物。

松鼠们分散着坐在松树上，用后爪紧紧抓住树枝，好腾出前爪来捧着干果啃咬。

一只松鼠爪子里的球果不小心掉在了雪地上，它舍不得浪费粮食，于是急匆匆地越过一根根树枝，蹦到了地面上。

它在雪地上蹦蹦跳跳地寻找那枚干果，它的后腿撑着身体，前脚托着往前蹦去。

突然，它发现，一堆枯树枝后面藏着一团黝黑的皮毛和一双尖利的小眼睛。它慌忙扔下球果，"噌"地一声蹿上最近的一棵树，沿着树干直爬上去。枯树枝里蹿出一只貂，在后面紧追不舍。幸好这时，松鼠已经爬到了树梢顶上。

貂也紧跟在后面爬了上来。松鼠只好蹦到了另外一棵树上。

貂的身躯像蛇一样细长，它缩成一团，背部拱成了圆弧形，也跟着一跳。

松鼠沿着树干拼命逃跑，貂也飞快地追赶。松鼠已经够机敏、灵活了，可貂却比它更胜一筹。

松鼠又来到了树顶，上面已无路可逃，附近没有适合的树可以跳过去。

眼看貂就要追上来了。

松鼠只好跳到其他树枝上，然后向下奔去，但貂仍紧随其后。

松鼠在细一些的树梢上跑，貂便在粗一些的树干上追。松鼠跑啊跑，终于被逼上了绝境。

下面是地，上

面是貂。

容不得松鼠细细考虑什么了，它只有跳到地面上，逃向另外一棵树。

可惜在地面上，松鼠远远不是貂的对手。貂只跑了三两步就轻松地追上了松鼠，把它摁倒在地，结束了它的性命。

兔子耍花招

一只灰兔趁着漆黑的夜色，偷偷钻进了果园。小苹果树的树皮甜甜的真好吃啊！它聚精会神地啃着、嚼着，连积雪落在头上也不理会。黎明时分，两颗小苹果树已经被它啃得七零八落，不成样子了。

林中的公鸡已打过三遍鸣，小狗也汪汪地喊叫起来。

小兔子这才回过神儿来，意识到必须赶在人们起床之前，逃回森林里去。可是周围都是白茫茫的积雪，它一身

灰色的皮毛，格外惹人注目，老远都能望得见。它真羡慕小白兔，雪白的皮毛和积雪融为一片，很难被别人发现。

雪是昨晚才刚刚飘落的，积雪蓬松很容易留下脚印。现在，雪地上就清清楚楚地留下了灰兔的一串脚印，后腿留下的是细长的印子，短短的前脚留下的是小圆圈。

灰兔跑啊跑，越过田野，穿过树林，清晰的脚印紧紧在屁股后面跟着。它刚美美地吃了一顿，现在真想在灌木丛里再美美地睡上一觉，可是无论逃到哪里，脚印都会报告它的行踪。

小灰兔只好耍耍花招了：对！把脚印踩得横七竖八、一片凌乱。

这个时候，村民们都起床了。果农来到园子里一看，我的天呀，两棵多好的小果树，被糟蹋得没了皮。他再往雪地上仔细一瞅，看见了脚印，就顿时明白了一切：原来是兔子干的好事啊！小坏蛋，走着瞧，非用你的毛皮偿还我的树皮不可。

他回家取下猎枪，装满弹药，踏着积雪搜寻兔子的踪迹。

就在这时，灰兔越过了篱笆，逃往田野里。但进了森林，脚印就绕着灌木转起圈来。鬼家伙，还想耍诡计骗我，我会搞清楚的！

看，头一个花招是：绕着灌木丛跑一圈；第二个花招是：横穿自己踩过的脚印。

果农紧紧跟着脚印追，把两个花招都识破了，他手里稳稳地端着枪，随时准备射击。

突然，他停下来，怎么了？原来脚印中断了，四周全是平坦的积雪，就算兔子是蹦过去了，也该能看出痕迹啊！

果农蹲在地上认真地查看，发现了第三个花招：兔子沿着自己原来的脚印又回去了。它准确地踩在原来的每一个印子上，不细看，还真看不出来呢。

果农又沿着脚印往回找，却走回了老地方，看来，还是中圈套了！

他再次转过身，沿着这"双重"脚印继续找，终于发现了蛛丝马迹。原来"双重"脚印很快就消失了，又变回了单行脚印。看来兔子是跳到另一边去了。

那边的脚印果然印证了果农的判断，兔子果然是蹿过灌木，向旁边蹦了过去。脚印又恢复正常了。但没一会儿又断了。原来是兔子在故伎重演，又来了一行新的"双重"脚印，然后又蹦开了。

果农现在可得瞪大了双眼，丝毫不敢马虎。这不，又是一个"远跳"。这一回，兔子肯定是躲在某个灌木丛下了。"鬼家伙，你休想再骗我。"果农心想。

其实，兔子真就藏在附近，只不过地点不是灌木丛下，而是一堆枯树枝下。

灰兔睡得迷迷糊糊的，隐约听见了沙沙的脚步声越来越近。

它睁眼一看，不远处是一双穿着毡靴的脚和一杆黑乎乎的枪筒子。

灰兔偷偷地钻出来，箭一般地躲到了枯枝堆后面，短短的白尾巴只一闪就不见了踪影。

果农只好怏怏地空手而归。

隐身的客人

一个夜贼来到我们这儿的森林里，但我们不容易见到它的身影。晚上太黑看不见。而白天里，它又和积雪一样，不容易区分。它的老家在北极地带，因此浑身上下跟当地常年不化的积雪一样洁白。它就是北极雪鸮。

雪鸮和猫头鹰一般大小，但力气稍逊一筹，以各种飞禽、老鼠、松鼠和兔子为食。

它的老家在冬天极其寒冷，于是小动物们都躲到了巢

穴里，鸟儿也都飞往温暖的地方。

雪鸮饥饿难耐，只好背井离乡，逃荒到了我们这里。春天之前它是不准备回去了。

啄木鸟觅食的车床

在我们的菜园后面，有成片的老白杨树和老白桦树，还有一棵年纪最大的云杉树。云杉上还残留着一些干果，吸引了一只色彩斑斓的啄木鸟前来觅食。它稳稳地站在树枝上，伸出细长的嘴巴啄下其中一颗干果，紧接着它蹦蹦跳跳地找到一个树缝，把干果塞进去，再用嘴巴"笃笃"地敲开，吃掉里面的果仁儿，然后丢弃，又去啄下第二个干果。如法炮制，就这样一直忙到天黑。

《森林报》通讯员　勒·库波列尔

请教熊先知

为躲避寒风，熊喜欢寻找低凹的地方来布置过冬的巢穴，比如沼泽地，或者茂密的云杉树林。不过，令人好奇的是：如果这年冬天不是特别寒冷，就会有积雪融化的可能，那所有的熊都会不约而同地选择在较高的地方冬眠，例如小山丘、小山冈。

世世代代的猎人都已证明了确有此事。

　　道理很简单：熊害怕积雪融化的天气，也确实是不得不怕。毕竟如果冬天融化的雪水顺势流到了它的巢穴里，然后天气又突然转冷，雪水重新冻结，会把熊毛茸茸的皮大衣冻成冰板子。到那时，熊可安生不了了，它只好跳出巢穴满森林里晃悠，好让身体重新暖和起来。

　　不冬眠到处活动的话，身上储存的脂肪很快就会消耗殆尽，必须尽快吃东西来补充能量。可是，冬天森林里可吃的东西实在难找。因此，如果它预见到这年冬天暖和，就会给自己挑选个高一些的地方做窝，免得融化的雪水打湿它的皮大衣。这个道理是很容易明白的。

　　但是，很难知道的是：熊究竟是根据什么来预知这年冬天的天气情况呢？它怎么会早早地在秋天就

准确挑好过冬的地方呢？这真是叫人费解，看来得亲自钻到熊洞里请教熊先知了。

严格的伐木计划

俄罗斯古代有一个谚语：森林是恶魔，别对它动刀斧，否则死亡近在眼前。

古代伐木工人的工作是很艰辛的。伐木工的对手是整座森林，但斧头是仅有的武器，我们都知道，人类直到18世纪才发明了锯子。

一个人要像大力士一般精力充沛，才能整日地舞动斧头；要有钢铁般的体魄，才能在天寒地冻的

时节只穿一件单薄的衬衣干活儿，夜里还要在冰冷的小屋或小草棚里睡觉。

春天的伐木工作更加辛苦。

整个冬季砍倒的树木都需要搬到河边，河水畅通后好把它们运送到需要的地方去。

河水把树木输送到哪里，哪里就会有良好的发展。一座座高楼拔地而起，河两岸的城市不断涌现。

那么到了现代，情况如何呢？

伐木工的工作性质已经彻底发生了改变。我们砍伐树木，削去枝杈的时候，已不再使用斧头，而是开动机器来完成。机器还能开辟和铺平林中的道路，并把木材运输到遥远的地方去。

森林里伐木的履带拖拉机，力气大得惊人！

人们指挥着这个沉重的钢铁巨人，闯入密不透风的森林，然后像割草一般轻而易举地放倒一棵棵参天大树，并把它们连根拔起，推到两旁，然后铲平地面，开辟道路。

道路上行驶的还有装载着发电机的汽车。伐木工手拿电锯，走到树前。橡皮电线像蛇一样蜿蜒跟随。电锯转动锋利的钢牙，轻轻松松地钻入坚硬的木头里，像刀切黄油一般容易。仅仅半分钟，电锯就能把直径达半米的树干锯倒，而这棵树却长了100多年了呢！

百米之内的树木都被放倒之后，汽车带着发

电机继续前进，这时巨大的运输机来接班，它一下子抓起几十棵带着树皮的大树，把它们拖到大路边。

运输线上的牵引机，接着把树木拖向窄轨铁路。在这里，司机会开着长长一串敞篷火车，载着几千立方米的原木，奔赴铁路车站或运河码头的木材加工厂。原木在木材厂被变成了木材和纸浆原料。

在现代社会人们借助机器的帮助，木材可以被运输到遥远的村庄、城市和工厂等一切需要它们的地方去。

显而易见，在技术如此发达的现代社会，必须制订非常严格的全国性的伐木计划，否则，即使是全国最茂密、最丰饶的林区，也会在短时间内变成一片不毛之地。用现代化的机器砍伐树木，仅需要几秒钟的时间，而树木却依然需要几十年的漫长时间才能长大成材。

在我国，树木被砍伐的地方，被要求立即补种上珍贵的树苗。

知识延伸

作者用活泼的语言给我们讲述了深秋时节森林里发生的有趣故事：飞舞的蚊虫、可爱聪明的兔子、灵活的松鼠、感知未来的熊先知、来自远方的客人……不仅让读者领略了森林里独特的美，更开阔了他们的眼界。

农家新闻

农民们今年的收成真不错！在我省很多村庄里，1公顷农田收 1500 公斤粮食是最普遍不过的，收 2000 公斤也不稀奇。辛勤劳动的农民们，农活儿干得如此棒，获得光荣的劳动英雄称号，真是再适合不过了。

我们的政府一向都很关心农事，用光荣称号、勋章、奖章等等来奖励农民们取得的突出成就。

冬天说到就到了。

田里的农活也都已结束。

女人们在畜栏里忙活，男人们在给牲口准备充足的饲料。养着猎犬的人外出去打猎，还有的去采伐木材。

灰山鹑成群结队地飞到村庄附近觅食。

孩子们高高兴兴地上学去，白天还抽空去捕鸟，到山上去滑雪，或者滑雪橇。晚上就做作业，好好读书。

靠智慧战胜它们

一场大雪过后，我们发现老鼠在雪底下挖了一条通道，直通到苗圃里的树苗前。但我们人类更聪明，我们将用智慧战胜它们。我们把每棵树苗附近的积雪都踩得硬硬实实的，使老鼠根本无法钻过来。如果笨一点的老鼠不小心钻到雪地外面，很快就将被冻死了。

害人的小兔子也常到我们的果园来捣乱，我们就用稻草和云杉树枝把所有的树苗包裹得严严实实来防止他们捣乱。

吉玛·布罗多夫

细丝上吊着的家

有一种迷你小房子，吊在一根细丝上，随着微风飘来荡去。这房子能居住吗？房子的墙壁厚不过一张纸，而且一点防寒设施都没有，这能过冬吗？

你肯定觉得这无法想象，但其实它正是用来过冬的房子。如果我们留心的话，就能见到很多这样简单的小房子。它们是用枯树叶做成的，被细丝吊着挂在苹果树枝上。而果农们一旦发现了它们，就会立即摘下来烧掉，因为住在这些房子里的是大害虫——苹果粉蝶的幼虫。如果不及时摘除的话，来年春天，害虫就会钻出来，啃坏苹果树的幼芽和花苞。

森林里也会跑来"小害虫"，但我们也有办法对付。

昨天半夜，一只大兔子钻进了果园里，想啃咬苹果苗甜滋滋的树皮，结果被戳破了嘴皮。它一连试了几棵，棵棵如此，只好败兴而去，逃回森林里。

原来是果农们料到了森林里会有动物偷偷来搞破坏，便早早做好了准备，用云杉树枝把苹果苗的树干包裹起来。

棕黑色的狐狸

在郊区的农庄里建了一个养兽场。昨天，养兽场运来一批棕黑色的狐狸。大家都好奇地跑过来欢迎这些新来的客人，连刚刚会走路的孩子们也不甘落后。

小狐狸们瞪着一双双小心翼翼的眼睛，害怕地瞅着四周的人们。只有其中一只大胆的小狐狸，旁若无人地打了一个哈欠。

"妈妈！"一个围了白围巾，还戴着帽子的小孩子看见了这情景，连忙喊道："可千万别把这只狐狸围在脖子上啊，它会咬人的！"

在温室里劳动

农庄里，大家在忙着挑选小葱和小芹菜苗。

队长的孙女儿好奇地问个不停：

"爷爷，爷爷，我们要把这些蔬菜给牲口们吃吗？"

队长笑着回答："小乖乖，你猜错了。我们是要把这些蔬菜宝宝移栽到温室里面。"

"栽到温室里做什么？让它们长大做种子吗？"

"乖孙女儿，又错了。把它们移到温室里，我们整个冬天就

能源源不断地享受到葱和芹菜了。比如我们炖马铃薯的时候，撒上一点香喷喷的葱花，或者用芹菜煮美味的蔬菜汤。"

不用盖棉被

上个星期天，一个叫米克的九年级小男孩儿到农庄里游玩。他恰好在树莓田边遇到了队长费多谢奇。

"老爷爷，你们的树莓冬天怕冷吗？"他装作很在行的样子问道。

"不怕冷的。它们啊，可以在雪被下舒舒服服地过冬天。"费多谢奇笑眯眯地答道。

"不可能啊，老爷爷，你肯定老糊涂了。这

些树莓个头比我高多了，再大的雪也下不了这么厚啊！"米克一脸迷惑地说道。

"普通的雪就足够了。聪明的人，你告诉我，你冬天盖的棉被，难道需要和你的身高一样厚吗？还是说它就是普通的棉被啊？"费多谢奇依旧笑眯眯的。

"这和我的身高有什么关系啊？我是躺下来盖被子的啊，老爷爷，你该很清楚的啊！"小伙子更加困惑了。

"哈哈！我的树莓也是躺下来盖被子的啊。只不过，你会自己躺到床上去，而树莓则需要我的帮助而已。我让它们一棵棵都弯下腰来，并绑在下面，它们就躺到地上来了。"

"哦——原来如此！老爷爷，你比我想象得聪明多了！"米克不好意思地说道。

"可惜，小伙子，你可没有我想象得那么聪明啊！"

尼娜·巴甫洛娃

可爱的小助手们

农庄里到处能看见孩子们的身影。他们在谷仓里帮忙挑选春播的种子，或者在菜窖里寻找可以做种的马铃薯。

很多男孩子在马厩和生铁加工厂里帮忙干活。

还有的孩子在不同种类的家畜圈里做些较轻松的善后工作。

孩子们一边上学念书，一边帮忙做农活，两不耽误。

尼古拉·立合诺夫

知识延伸

作者采用大量的语言对话描写，简洁有趣，充满了生活气息，就像发生在读者身边的事情一样，引起读者共鸣，让人心生向往。

都市趣闻

群鸦聚会

涅瓦河上冻了。在这段时间里，每天下午四点钟，华西里岛地区的乌鸦们，就会飞到第八大街对面的斯密特中尉桥下面举行聚会。

它们吵吵嚷嚷地议论一番之后，就分成几队人马，先后返回华西里岛上的花园里去过夜，然后各自挑选自己中意的花园做安乐窝。

厉害的侦察兵

城里的果园和墓地里，有不少灌木和乔木都需要有人保护，但人类很难担此重任。因为树木的破坏者们虽然个头小小却很狡猾，真是让人防不胜防。人们只好请来一批专业的侦察兵。

树林里到处都有这些侦察兵们忙碌的身影。

队伍首领是头戴红花纹帽子的彩色啄木鸟。它的细嘴巴好似一根长枪，可以钻穿厚厚的树皮，还能"库克、库克"地发号施令。

它的手下是形态各异的山雀：有头戴尖尖高帽子的凤头山雀；有头顶好似插了一根短棒的胖山雀；有浅黑色羽毛的莫斯科山雀；有嘴巴像锥子，还有身穿浅褐色外套的旋木雀；穿着天蓝色制服，胸脯雪白，嘴尖如利剑的青山雀。

在啄木鸟一声令下，山雀们回应了口令之后，大家就都忙活起来了。

它们飞到树干和树枝上。啄木鸟先戳开树皮，用针一般又尖又硬的舌头，再把蛀虫钩出来。头朝下，围着树干四处查看，一旦发现哪块树皮里藏着昆虫或者害虫的幼虫，就把锋利的小嘴巴刺进去。旋木雀在较低的树干上跳来跳去，用

弯弯的锥子嘴巴啄着可疑的树皮。青山雀们一群群地绕着树枝欢快地飞来飞去，仔细检查着每一个小缝隙和小洞洞。害虫们休想逃脱它们的"火眼金睛"和"伶牙俐齿"。

充满诱惑的小屋

鸟儿忍饥受冻的日子一天比一天近了，请大家多多关照咱们这些可爱的鸣禽小朋友们吧！

如果你家有小院子的话，很容易吸引鸟儿的到来。当它们饥肠辘辘的时候，撒点食物给它们。当它们遇到冷天和雨雪天时，给它们提供一个可以躲避风雨的小窝。

而如果你想诱惑它们在

你这里安家落户的话，只需准备一个舒服的小鸟窝就行了。

你可以邀请这些可爱的小家伙们，到鸟窝的阳台上享受免费的午餐。午餐可丰盛了，有大麻籽、大麦、小米、面包屑、碎肉、生猪油、奶酪、葵花籽等等。即使你住在喧闹的都市里，也能用美食吸引这些小客人前去做客，甚至让他们留下来陪伴你。

你可以找一根细细的铁丝，或者细长的绳子，一头绑在鸟窝有露台的那个门上，一头穿过窗户，直通进你居住的房间。在需要给小鸟关门保暖的时候，只用轻轻一拉铁丝或者绳子，鸟窝的小门就轻而易举地被关上了。

还有一个更妙的办法，就是给鸟窝通电供暖。

但在夏天的时候，可千万不要捕捉大鸟，否则幼鸟就会因为没有妈妈而被活活饿死。

知识延伸

作者通过大量比喻、拟人的修辞手法，将"鸟儿侦察兵"的形象描写得生动有趣，动感十足。它们分工协作，各司其职，保护着森林里的树木免遭害虫侵害。

林中狩猎

秋天是打小毛皮兽的季节。十一月前，这些动物的毛已经长好，它们脱掉了夏天那层薄毛，然后换上了一身防御寒冬的厚厚绒毛。

打灰鼠去

小小的灰鼠有什么价值？要知道它可是最重要的猎物哦！单说灰鼠尾巴，俄罗斯每年就要消费几千大包。它那华丽的尾巴可以用来制作帽子、衣领、护耳等保暖用品。

去掉尾巴的毛皮也大有用处。用它可以制作大衣和披肩，用浅蓝色灰鼠皮制作的女士大衣，不但外观漂亮，而且穿起来又轻便又暖和。灰鼠一换完毛，猎人们就去狩猎。在容易打到灰鼠的地方，甚至可以看到老人和十二三岁小孩子狩猎的身影。

猎人们在狩猎时，或结伙，或独行，在森林里一待就是几个星期。他们踏着又短又宽的滑雪板，从早到晚都在雪地上奔波，有的在用枪打，有的在布设和查看捕兽器或陷阱。

　　猎人打灰鼠的最好伙伴是北极犬。它是猎人不可缺少的"眼睛"。北极犬是我们北方特有的一种好猎犬。它在森林里冬猎的本事可算得上世界第一。

　　北极犬能帮助你找到白鼬、鸡貂、水獭的洞，把猎物咬死。夏天它又会替你把野鸭从芦苇丛中赶出来，把琴鸡从密林中轰出来。它还不怕水，甚至能跳进结了冰碴的河里，把你射杀的野鸭叼上来。秋天和冬天，它又成了你打松鸡和黑琴鸡的好助手。在这两个季节普通猎犬的伺伏就派不上用场了。而北极犬会蹲在树下，对着这两种野鸡大叫，使它们的注意力集中到它的身上，你就可以乘机开枪了。你在下雪时，甚至都可以带它去打麋鹿和熊。

　　当你遭受猛兽

的攻击时，这个忠实的朋友也绝不会弃你而逃。它会从猛兽的身后咬住它们，使你来得及重新装上弹药，射杀猛兽，或者它会与猛兽以死相拼，来保全你的性命。然而更令人称奇的是，它能帮你找到灰鼠、貂、猞猁这类生活在树上的动物。其他任何别的猎犬都没有这种本事。

你在深秋或冬季走在云杉林、松树林或混合林中的时候，四周没有一点儿动静。没有任何走兽晃动、闪现的身影，也没有任何飞禽鸣叫的声音。这里好像是一片荒漠，死一般的寂静。

可是，带上一只北极犬，你在森林里就没有这种感觉了。北极犬一会儿从树根下找到一只白鼬。一会儿从洞里赶出一只白兔，还可以顺便叼住一只林䶄鼠。它还会找到那些隐藏在浓密松枝间的灰鼠。

它又不会飞，也不会爬树，而灰鼠也不会从树上掉下来。那

么北极犬是怎么找到灰鼠的呢？捕捉猎物的长毛猎犬和追踪兽迹的凫提，靠的是它们灵敏的嗅觉。鼻子是这两种猎犬的主要"工具"。它们即使眼睛和耳朵都不好使，也能照样干好自己的活。而北极犬有三种好"工具"：灵敏的鼻子、锐利的眼睛和机灵的耳朵，而且它们是三种工具并用的。它们好用极了，就像北极犬的三个忠实的仆人。

树上的灰鼠只要用爪子挠一下树干，北极犬就会竖起它那时刻保持警惕的耳朵，提示主人："这里有灰鼠"。灰鼠的小脚爪只要在针叶间一闪，北极犬的眼睛就会告诉主人："灰鼠就在这里"。只要有一股小风把灰鼠的气味吹到树下来，北极犬的鼻子就向主人报告："上面有灰鼠"。

北极犬用它的三件工具发现灰鼠后，就会用它的

第四种工具——叫声给主人传达信息了。

一只好北极犬，在发现猎物后绝不会往猎物所在的树上扑，也不会用爪子去挠树干，因为这样会把猎物吓跑。这时它会蹲在树下，然后目不转睛地盯着灰鼠藏身的地方，竖起耳朵，不时地叫上几声。只要主人没有到达，或者主人不把它带走，它是不会离开的。

打灰鼠的过程很简单：灰鼠被北极犬发现后，它的注意力全集中到北极犬身上了。猎人只要不发出声响，不做过大的动作，只要瞄准后开枪就是了。

打灰鼠不宜用霰弹。猎人通常使用小铅弹，而且尽可能要打它的头部，这样可以避免损坏鼠皮。冬天受伤的灰鼠不容易死掉，所以要力争一枪就击中要害，不然它跳进浓密的针叶间，就再也找不到了。

带着斧头和铁棍去打猎

猎人们在打凶猛的小毛皮兽时，使用最多的武器不是枪，而是斧头。北极犬靠灵敏的嗅觉找到藏在洞穴中的貂、白鼬、伶鼬、水貂或水獭。而至于如何从洞穴中赶出这些小兽，那就是猎人的事了。虽然这件事做起来并不容易。

这些洞穴被设在地下、乱石堆里或树根下面。而小兽们感到危险时，不到万不得已是不肯离开自己的掩蔽所的。于是，猎人只能用铁棍伸进洞里去不停地搅动，或者用手搬开石头，用斧头劈开粗大的树根，敲碎冻土，或用烟熏，把它们轰出洞外。

不过，它们只要跳出来就跑不掉了——北极犬绝不会放过它们的。或者，它们会死在猎人的枪口之下。

猎貂记

森林里的貂是比较难打到的。找到它猎食的地方并不难，因为那里的雪地会被践踏得一塌糊涂，还会留有血迹。可是要找到它进食后藏身的地方就得靠好眼力了。

貂能在树梢和树与树之间跳来跳去，灵活得像松鼠一样。它活动的时候会留下痕迹，那就是被它的爪子碰折后落到雪地上的小树枝、球果、树皮和它身上蹭下来的绒毛。有经验的猎人可以根据这些东西来判断它的行踪。瑟索伊奇第一次跟踪追貂时，没有带着猎狗，所以他只能凭自己的本事了。

　　那天，他踏着滑雪板走了很久。有时他满有把握地向前冲出一二十米，因为他发现了貂从树上跳到雪地后奔跑留下的脚印；有时他又缓慢地向前挪动着，为的

是仔细查看貂在树上跳蹿留下的模糊痕迹。那天他不断地长吁短叹，后悔没有带上他那忠实的北极犬朋友。

夜幕降临了，瑟索伊奇却还在森林里转悠着。这个小胡子猎人生起了篝火，然后从怀里掏出一块面包吃了，好歹得熬过这个漫长的冬夜呀。

早晨，他沿着貂的行迹来到一棵粗大的枯云杉树前。他挺走运，竟然发现树干上有个树洞，貂一定是藏在这个洞里过夜的，而且现在还没出来。瑟索伊奇拉开枪栓，右手拿枪，左手举起一根树枝敲了一下树干，然后丢掉树枝，两手端着枪，单等貂一蹿出就开枪。然而貂并没有跳出来。

瑟索伊奇突然想到，他应仔细查看一下云杉周围的情况。这是一棵空心的枯树，树干后面的枯枝下还有一个洞口。枯枝上的雪已被碰掉，貂显然已从这头的洞口溜出了树洞，逃到旁边的树上去了。然而因为有粗树干的遮挡，他没能看到。

没有办法，只能继续追！他又把一整天的工夫花在了追踪上。瑟索伊奇终于又发现了一处"拖脚印"，这表明貂就在附近。果然，他发现了树上的一个松鼠窝。种种迹象表明：貂把松鼠从窝里轰出来，然后经过长时间的追击，最终在地面把它捉到了。大概，那只精疲力尽的松鼠在慌乱中从树上失足掉了下来，貂蹿了几步，上前抓住了它，就在这片雪地上把它吃掉了。

是的，瑟索伊奇追踪的路线并没有错。

不过他不能继续追下去了，因为他从昨天到现在还没有吃一点东西。现在他身上连一点面包屑也没有了，而这时天已经黑了下来，林子里更冷了，再在这里过夜他非冻死不可。瑟索伊奇懊丧不已，却也只能无可奈何地原路返回。"只要让我碰到这只貂，"他不甘心地想，"我一定一枪搞定它！"

当他再次走过那个松鼠窝时，他愤愤地拿下肩上的枪，甚至也没瞄准就朝洞里放了一枪，这么做不过是为了发泄一下心头的怨气。枪声震落了树上的一些小枯枝和苔藓。然而令瑟索伊奇吃惊的是，在这些东西落下之前，有一只毛茸茸的、细长的貂抽搐着掉在他的脚前。

后来瑟索伊奇才知道，貂把松鼠捉住吃掉后，往往会钻进被吃松鼠的窝里去，蜷起身子在这个暖和的地方舒舒服服地睡上一大觉。

白天放枪，黑夜布网

12月中旬，松软的积雪已经能没到膝盖了。

日落时分，黑琴鸡蹲在光秃秃的白桦树上一动不动，为玫瑰色的天空点缀一些黑色的斑点。后来，它们突然一只跟着一只

地向雪地冲去，然后就不

见踪影了。

　　漆黑的夜来了，今晚没有月亮。

　　瑟索伊奇走到那片林中空地上。黑

琴鸡就是在这片空地消失的。他手中拿着捕

鸟的网和火把。浸过树脂的亚麻杆在熊熊燃烧着，明亮的火光

照亮了黑黑的夜幕，沉沉的夜色被推到一边去了。

　　瑟索伊奇一面仔细听周围的动静，一面机警地挪着步子。

　　忽然，在离他只有两步远的前方，有一只黑琴鸡从雪下钻出

来。明亮的火光晃得它睁不开眼睛，它像只巨大的黑甲虫似的

在原地瞎打转，猎人乘机用网罩住了它。

瑟索伊奇用这个办法，在夜间活捉了许多只琴鸡。

而在白天，他会乘着雪橇用枪打黑琴鸡。

奇怪的是：落在树枝上的黑琴鸡，绝不会被一个步行的猎人打中，即使那个猎人隐藏得很好。但如果同一个猎人乘雪橇过来（哪怕雪橇上满载着集体农庄上的大批货物），那些黑琴鸡也难免会死在猎人的枪下！

《森林报》特约通讯员

知识延伸

> 打猎的过程是猎人与猎物博弈的过程，一个成功的猎人不仅需要拥有超人的智慧和勇气，还需要运气、武器和猎狗伙伴。在捕猎皮毛兽的季节，猎人在森林里体会到了成功的喜悦和与猎物失之交臂的懊恼。